修订版

U0156131

编织尺寸调整
制图与推算基础教程

日本宝库社　编著

蒋幼幼　译

Adjustment
Drawing
Dividing of
Knit & Crochet

河南科学技术出版社

·郑州·

目录

PART 1 | Adjustment
尺寸调整

简单的尺寸调整方法……4

如何确定毛衣的理想尺寸……6

基础作品……7

1 更换针号的大小调整尺寸……8

2 更换毛线的粗细调整尺寸……14

3 修改直线和斜线部分的长短调整尺寸……18

4 放大（缩小）衣宽调整尺寸……22

5 肩宽不变的前提下放大衣宽……26

调整尺寸的小妙招……27

PART 2 | Drawing
编织制图基础教程

量取尺寸……32

身体原型的绘制……34

套头衫的制图……40

套头衫衣领的变化……44

开衫的制图……46

开衫衣领的变化……50

不同原型的制图方法……52

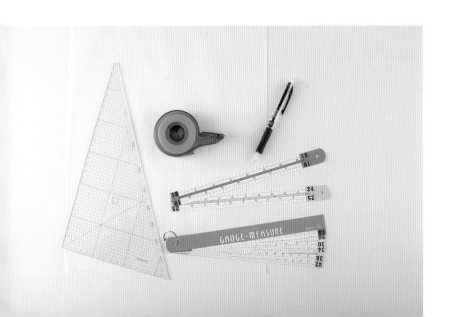

PART 3 | Dividing of Knit
棒 针 编 织 的 推 算

毛衣的推算……54

斜线的推算……56

弧线的推算……58

使用针目方格纸进行弧线的推算……62

如何简单计算出罗纹边缘的针数和行数……64

推算完成!……65

将编织书上的图解改成自己的尺寸……67

问与答……71

PART 4 | Dividing of Crochet
钩 针 编 织 的 推 算

针数和行数的计算……74

编织图解……75

钩针编织的弧线的推算……76

牢记钩针编织的推算 5 大要点……78

钩针编织的推算教程……80

边缘编织的挑针方法……86

本书是 2007 年出版的同名书的修订版,在原来的内容基础上增加了一部分制图和尺寸调整的方法。

PART 1 Adjustment 尺寸调整

尺寸的调整有若干种方法。

最简单的方法是更换针号的大小或毛线的粗细来缩放尺寸。

其次是修改制图的直线和斜线部分的长短进行调整。这种方法可以通过计算得出数据，所以比较简单。

如果要做更大的调整，有时必须改动袖窿、领窝和袖山的弧线。

此时，就需要在一定程度上了解制图的过程。

在讲解制图的基础知识以及推算的基础方法之前，先为大家介绍简单易行的尺寸调整方法。

简单的尺寸调整方法

织物是由一个个针目构成的。

针目是用针编织的。针有粗细之分，根据线的粗细选择合适的针号。在使用同一种线的情况下，换成粗一点的针编织，针目就会变大；换成细一点的针编织，针目就会变小。

也就是说，不同粗细的针可以编织出大小不同的针目，而调整尺寸最直接的方法就是利用织物的这个特性。

1 更换针号的大小，缩放毛衣尺寸

针号每相差1号，针目就会放大或缩小5%左右。就毛衣的尺寸而言，如果换成比原来的针大（小）2号的针编织，毛衣就会放大（缩小）10%左右。

不过，针号也不能随意更换，最多相差2号。

2 更换毛线的粗细，缩放毛衣尺寸

使用比原来更粗或更细的线编织，毛衣的大小会发生很大变化。以中粗毛线编织的女装毛衣为例，按相同的图解若用极粗毛线编织，就会变成男装毛衣的大小；若用粗毛线编织，就会变成童装毛衣的大小。这种情况下，务必试编样片量取密度，确认与原来作品的密度相差多少后再着手编织作品。

使用不同粗细的针和线试编的样片

(实物大小)

换成粗毛线
（6号针）

换成比基础样片小2号
的针
（8号针）

基础样片
（中粗毛线）
（10号针）

换成比基础样片大2号
的针
（12号针）

换成极粗毛线
（12号针）

按完全相同的图解，
分别使用不同粗细的针和线编织成毛衣后，将作品重叠起来比较大小的变化

使用极粗毛线编织的男装尺寸

使用比基础款大2号的针编织的女装大号

基础款毛衣

使用比基础款小2号的针编织的女装小号

使用粗毛线编织的童装尺寸

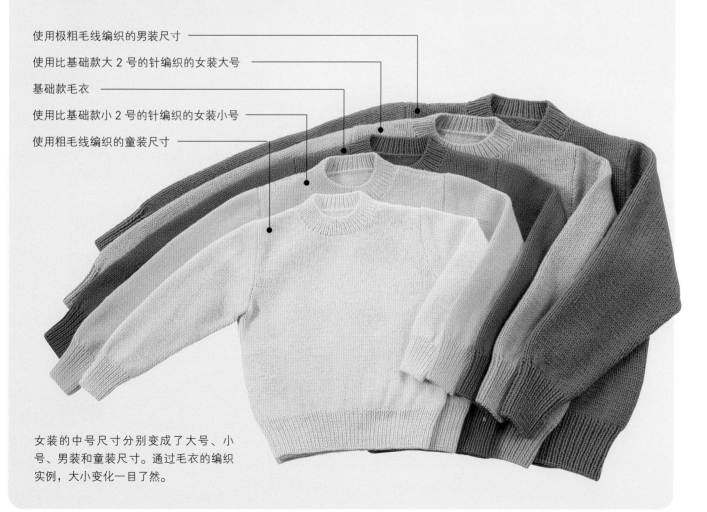

女装的中号尺寸分别变成了大号、小
号、男装和童装尺寸。通过毛衣的编织
实例，大小变化一目了然。

如何确定毛衣的理想尺寸

在编织书上看中的毛衣如果直接编织，有可能太小或者太大。
调整尺寸时需要具体放大或者缩小多少，就必须知道自己的理想尺寸。
比较简单的做法是，从现有的毛衣等衣物中选出一件宽松度和尺寸最为满意的，
然后测量出各部分的尺寸，将其作为理想尺寸的基准。

[测量尺寸]

以下是为了确定理想尺寸需要从自己满意的毛衣上测量的部分。

●胸围　　　　实际上测量的是衣宽尺寸　　　●袖长　　　　测量肩点到袖口的长度

●衣长　　　　测量肩部到下摆的长度　　　　●连肩袖长　　测量衣领中心到袖口的长度（用于
　　　　　　　　　　　　　　　　　　　　　　　　　　　插肩袖等肩宽和袖长很难区分的情
●肩宽　　　　测量肩点到肩点的长度　　　　　　　　　　况）

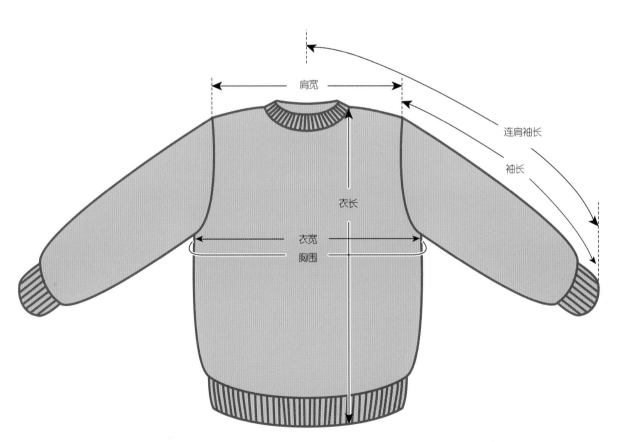

※ 确定理想尺寸后，接着学习尺寸调整的具体方法吧！

基础作品　※ 全书图解中未注明用途或未用作算式分母和乘数等的数字，其单位均为厘米（cm）。

我们编织了一件女性的中号毛衣。
这件毛衣将作为接下来尺寸调整说明的基础款毛衣。

● 基础款毛衣的尺寸
胸围：92 cm（衣宽46 cm）
肩宽：35 cm
衣长：53 cm
袖长：51 cm

密度：10 cm×10 cm面积内18针，24行
使用线：中粗毛线
　　　　约360 g
使用针：棒针10号、5号

● 样片（实物大小）

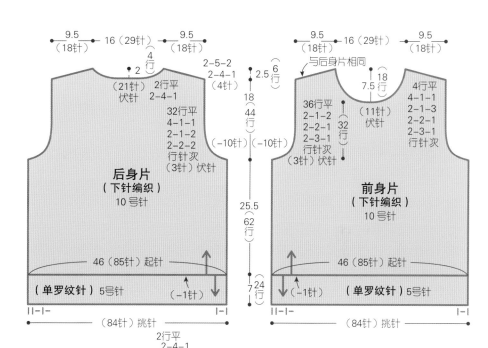

后身片
（下针编织）
10号针

9.5（18针）　16（29针）　9.5（18针）
4行　2
（21针）伏针
2行平
2-4-1
32行平
4-1-1
2-1-2
2-2-2
行针次
（3针）伏针
46（85针）起针
（单罗纹针）5号针
（-1针）
（84针）挑针

前身片
（下针编织）
10号针

9.5（18针）　16（29针）　9.5（18针）
与后身片相同
2.5（6行）　18　7.5
2-5-2
2-4-1
（4针）
44行　18
36行平
2-1-2
2-2-1
2-2-1
2-3-1
行针次
（3针）伏针
（11针）伏针
4行平
4-1-1
2-1-3
2-2-1
2-3-1
行针次
（-10针）　（-10针）
25.5（62行）
46（85针）起针
（单罗纹针）5号针
（-1针）
7（24行）
（84针）挑针

32行　32行

袖子
（下针编织）
10号针

2行平
2-4-1
2-2-1
2-1-1　2次
2-2-1
2-1-2
2-2-2
2-3-1
（3针）伏针
（18针）伏针
（-24针）
36（66针）
6行平
6-1-10
8-1-2
行针次
22（42针）起针
（+12针）
（单罗纹针）
5号针
（-2针）
（40针）挑针
10（24行）
34（82行）
7（24行）

衣领（单罗纹针）5号针
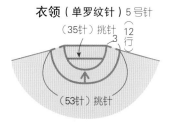
（35针）挑针　12（3行）
（53针）挑针

※ 身片和袖子都加了2针作为缝份。

使用线（实物粗细）

1 ● 更换针号的大小调整尺寸

使用相同的线、不同粗细的针编织，尺寸会发生多大的变化呢？我们对此进行了验证。
以基础样片为中心，依次将针号减小或加大1号，比较这些样片的大小。
（所有样片都使用相同的线编织，针数和行数也保持不变）

因为线的关系以及编织者手劲儿的松紧度不同，可能多少存在误差。原则上，棒针每加大（或减小）1号，针目就会放大（或缩小）5%左右。以此为基准，考虑针号的调整。

※如果使用太粗的针编织，样片就会很稀疏；如果使用太细的针编织，样片就会变硬，从而破坏织物的手感。所以，调整针号以上下2号为宜。

[将不同针号编织的样片横向排列，比较大小]

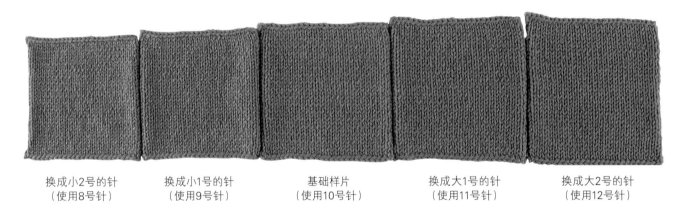

| 换成小2号的针
（使用8号针） | 换成小1号的针
（使用9号针） | 基础样片
（使用10号针） | 换成大1号的针
（使用11号针） | 换成大2号的针
（使用12号针） |

[将不同针号编织的样片重叠起来，观察大小变化]

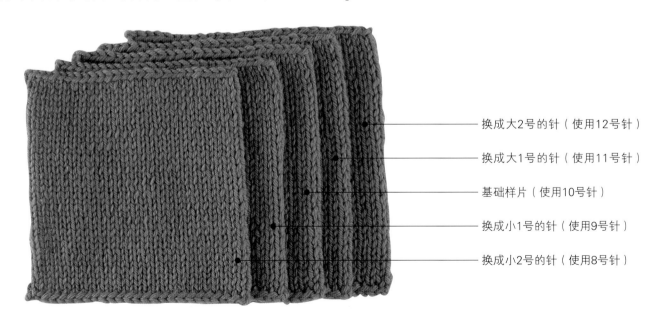

换成大2号的针（使用12号针）

换成大1号的针（使用11号针）

基础样片（使用10号针）

换成小1号的针（使用9号针）

换成小2号的针（使用8号针）

编织的作品实例

通过作品比较，大小变化更加直观。

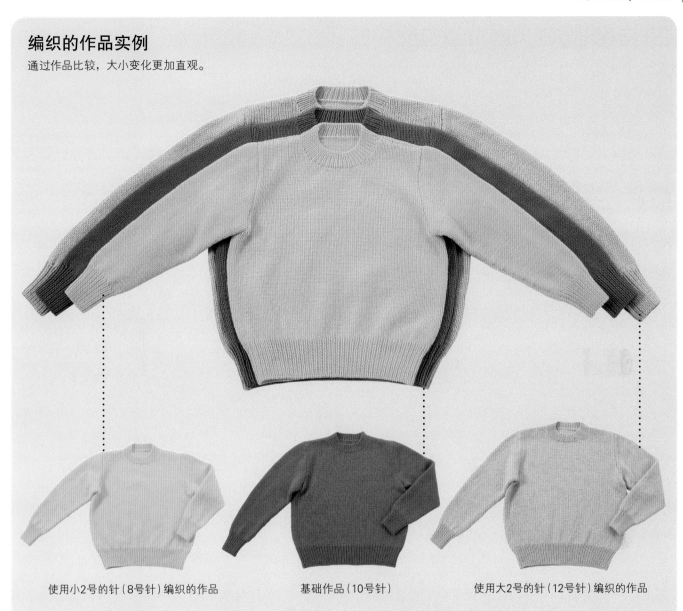

使用小2号的针（8号针）编织的作品　　　基础作品（10号针）　　　使用大2号的针（12号针）编织的作品

实物大小的样片

使用不同粗细的针编织，针目的大小也会随之改变。下面比较一下针目的变化吧。

使用小2号的针（8号针）编织的样片　　　基础样片（10号针）　　　使用大2号的针（12号针）编织的样片

使用比基础作品小 1 号的针编织的作品

使用小 1 号的针编织，理论上整件作品会缩小 5% 左右。
按基础作品相同的针数和行数计算尺寸，标注在图解中。

●尺寸

胸围：88 cm

肩宽：33 cm

衣长：50 cm

袖长：48.5 cm

密　度：10 cm×10 cm 面积内 19针，25.5行
使用针：棒针 9号、4号
使用线：中粗毛线

●样片（实物大小）

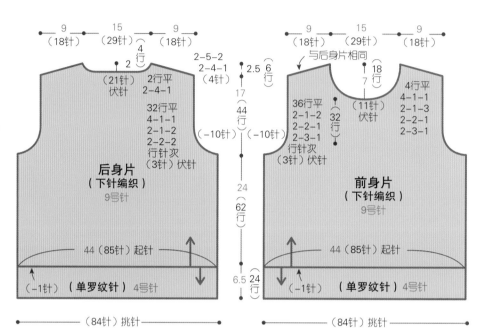

后身片
（下针编织）
9号针

44（85针）起针
（−1针）（单罗纹针）4号针

（21针）
伏针
2行平
2-4-1
32行平
4-1-1
2-1-2
2-2-2
行针次
（3针）伏针

2-5-2
2-4-1
（4针）

前身片
（下针编织）
9号针

与后身片相同

36行平
2-1-2
2-2-1
2-3-1
行针次
（3针）伏针

（11针）
伏针

4行平
4-1-1
2-1-3
2-3-1

44（85针）起针
（−1针）（单罗纹针）4号针

（84针）挑针

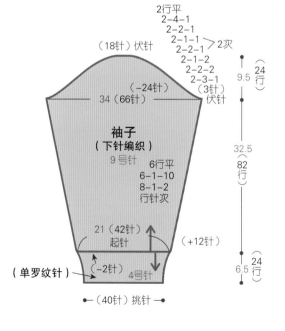

袖子
（下针编织）
9号针

（18针）伏针
2行平
2-4-1
2-2-1
2-1-1
2-1-1 ⎫2次
2-1-2
2-2-2
2-3-1
（3针）
伏针

（−24针）
34（66针）

6行平
6-1-10
8-1-2
行针次

21（42针）
起针

（+12针）

（单罗纹针）
（−2针）4号针

（40针）挑针

衣领（单罗纹针）4号针

（35针）挑针

（53针）
挑针

使用线（实物粗细）

10

使用比基础作品小 2 号的针编织的作品

这次再换成比基础作品小2号的针编织，
整件作品缩小了10%左右。
如果说基础作品是女装中号，那么现在的尺寸就变成了女装小号。

● 尺寸
胸围：82 cm
肩宽：31 cm
衣长：47 cm
袖长：45.5 cm

密　度：10 cm×10 cm面积内20针，27行
使用针：棒针8号、3号
使用线：中粗毛线

● 样片（实物大小）

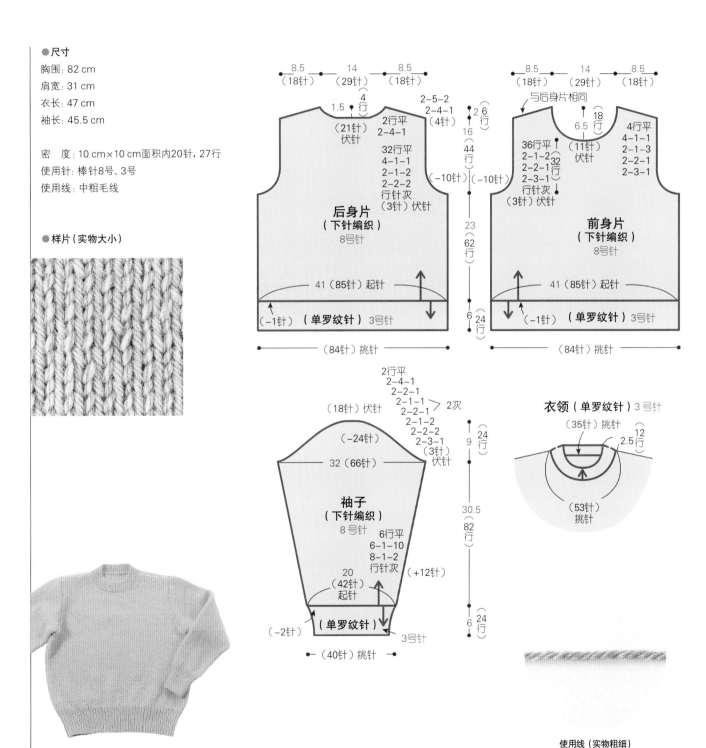

使用线（实物粗细）

使用比基础作品大 1 号的针编织的作品

使用大1号的针编织，理论上整件作品会放大5%左右。
按基础作品相同的针数和行数计算尺寸，标注在图解中。

●尺寸
胸围：96 cm
肩宽：37 cm
衣长：56 cm
袖长：53.5 cm

密　度：10 cm×10 cm面积内17.5针，23行
使用针：棒针11号、6号
使用线：中粗毛线

●样片（实物大小）

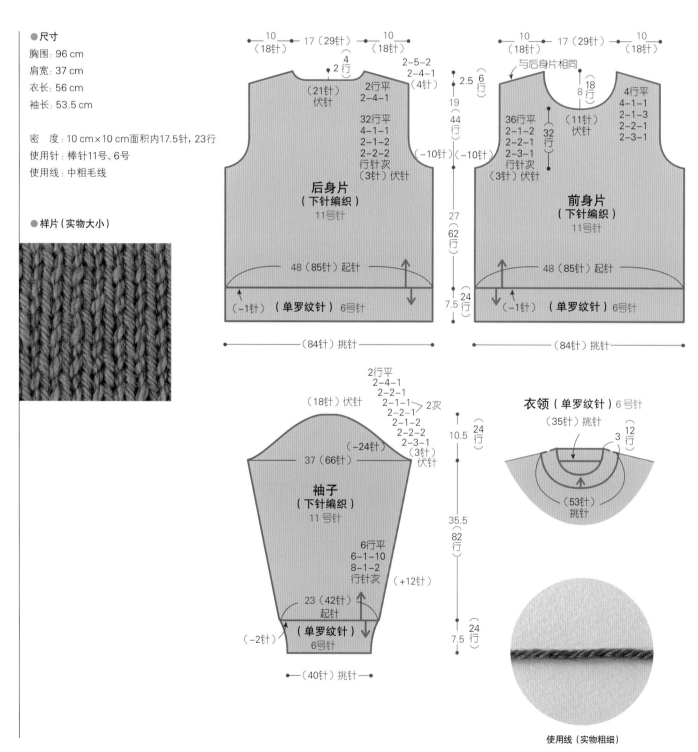

后身片
（下针编织）
11号针

前身片
（下针编织）
11号针

48（85针）起针
（单罗纹针）6号针
（−1针）
（84针）挑针

10（18针）　17（29针）　10（18针）
（21针）伏针
4/2行
2-5-2
2-4-1（4针）
2行平
32行平
4-1-1
2-1-2
2-2-2行针次
（3针）伏针
（−10针）

与后身片相同
（11针）伏针
18/8行
4行平
4-1-1
2-1-3
2-2-1
2-3-1
36行平
2-1-2
2-2-1
2-3-1行针次
（3针）伏针
32/
（−10针）

2.5　6/行
19
44
27
62行
7.5　24/行

袖子
（下针编织）
11号针

37（66针）
（−24针）
（18针）伏针
2行平
2-4-1
2-2-1
2-1-1 2次
2-2-1
2-1-2
2-2-2
2-3-1（3针）伏针
6行平
6-1-10
8-1-2行针次
（+12针）
23（42针）起针
（单罗纹针）6号针
（−2针）
（40针）挑针

10.5　24/行
35.5　82行
7.5　24/行

衣领（单罗纹针）6号针
（35针）挑针
3　12/行
（53针）挑针

使用线（实物粗细）

使用比基础作品大 2 号的针编织的作品

这次再换成比基础作品大2号的针，按相同的图解编织，
整件作品放大了10%左右。
如果说基础作品是女装中号，那么现在的尺寸就变成了女装大号。

● 尺寸

胸围：101 cm
肩宽：38.5 cm
衣长：58 cm
袖长：56 cm

密　度：10 cm×10 cm面积内16.5针，22行
使用针：棒针12号、7号
使用线：中粗毛线

● 样片（实物大小）

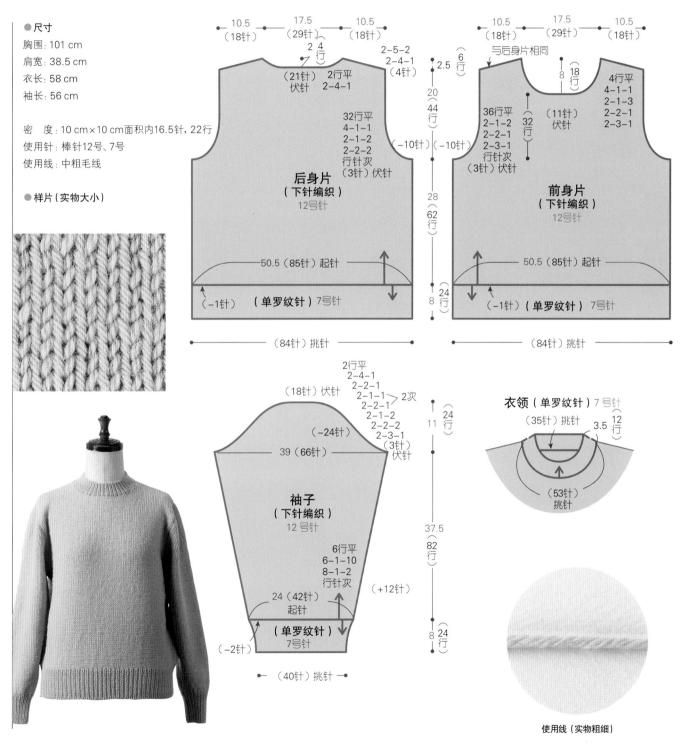

使用线（实物粗细）

2 ● 更换毛线的粗细调整尺寸

按相同的图解，使用不同粗细的毛线编织，尺寸又会发生多大的变化呢？我们对此进行了验证。以基础样片（中粗毛线）为中心，分别使用粗毛线和极粗毛线编织，比较针目的大小发生了多大的变化。（所有样片都按相同的针数和行数编织）

※ 使用这种方法调整尺寸时，务必试编样片量取密度，与基础样片进行比较，看看如果用这种线编织作品是否会比理想尺寸大太多或者小太多，确认后再开始编织。

密度 所谓编织密度，指的是一定尺寸内有几针几行，就是使用与作品实际编织时相同的线试编样片后测量得到的针数和行数。一般测量10 cm×10 cm面积内有几针几行。这是编织作品时最基础的数据。

测量密度的方法 使用与作品实际编织时相同的针和线，编织长和宽均为15 cm以上的样片，然后用蒸汽熨斗进行整烫。再用尺子测量中间的平整部分，数出10 cm×10 cm面积内有几针几行。

[将不同粗细的线编织的样片横向排列，比较大小]

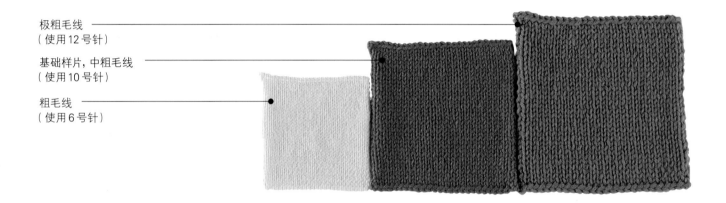

极粗毛线
（使用12号针）

基础样片，中粗毛线
（使用10号针）

粗毛线
（使用6号针）

[将不同粗细的线编织的样片重叠起来，观察大小变化]

极粗毛线

基础样片，中粗毛线

粗毛线

编织的作品实例

通过作品比较，大小变化更加直观。

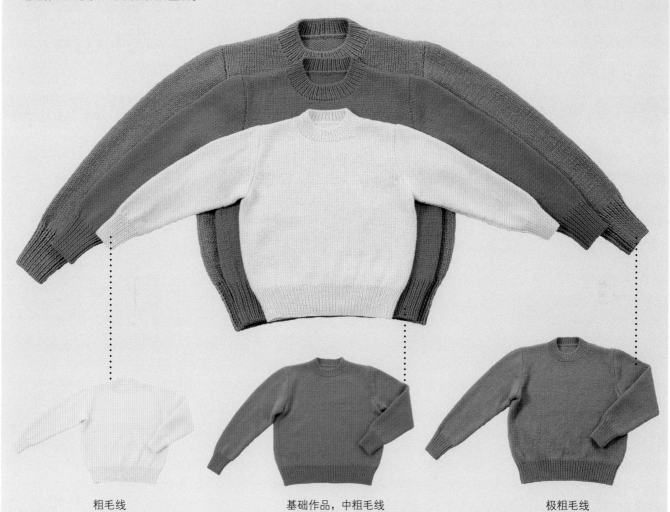

粗毛线

基础作品，中粗毛线

极粗毛线

实物大小的样片

使用不同粗细的毛线编织，与基础样片相比针目也会随之变大或变小。下面比较一下针目的变化吧。

粗毛线
（使用6号针）

基础样片，中粗毛线
（使用10号针）

极粗毛线
（使用12号针）

按基础作品相同的图解，换成细线编织的作品

基础作品是用中粗毛线（10号针）编织的。这次按相同图解，换成了粗毛线（6号针）编织。基础作品是女装中号，而这款作品变成了童装的大小。

换线编织时，务必试编样片量取密度，确认大小是否满意，然后再开始编织。按基础作品相同的针数和行数，根据密度计算出尺寸，标注在图解中。

● 尺寸

胸围：72 cm
肩宽：27 cm
衣长：41 cm
袖长：38.5 cm

密　度：10 cm×10 cm面积内23针，32行
使用针：棒针6号、3号
使用线：粗毛线

● 样片（实物大小）

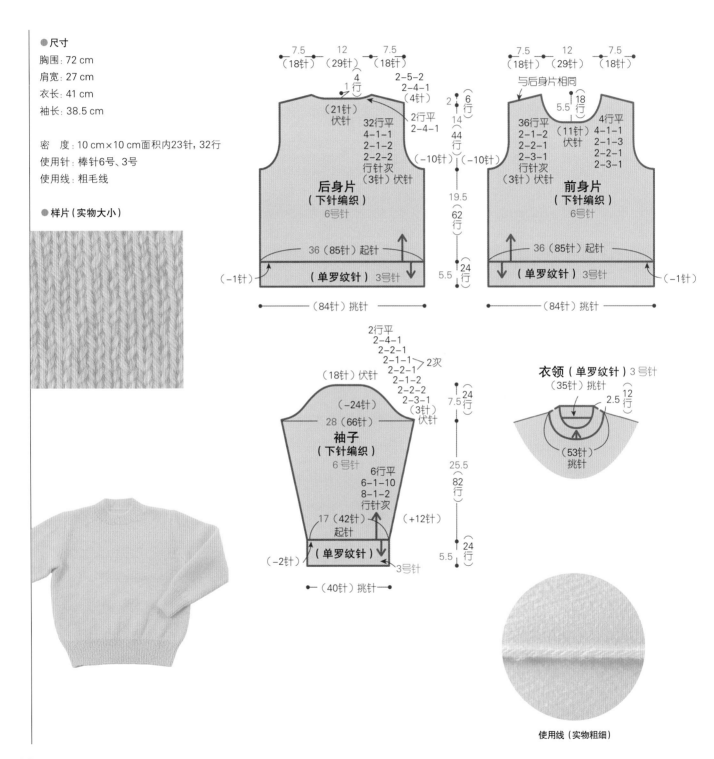

使用线（实物粗细）

按基础作品相同的图解，换成粗线编织的作品

这次按基础作品相同的图解，换成了极粗毛线（12号针）编织，大小相当于男装的尺寸。使用不同粗细的毛线，按相同图解编织的作品可以变成女装、男装、童装，这也正是编织的乐趣所在。换线编织时，务必试编样片量取密度，确认大小是否满意，

然后再开始编织。身片和袖子变大的同时，下摆、袖口、衣领的罗纹边缘也会变长。如果知道自己想要的长度，可以通过改变行数进行调整。按基础作品相同的针数和行数，根据密度计算出尺寸，标注在图解中。

● 尺寸
胸围：110 cm
肩宽：42 cm
衣长：61.5 cm
袖长：58 cm

密　度：10 cm×10 cm面积内15针，21.5行
使用针：棒针12号、6号
使用线：极粗毛线

● 样片（实物大小）

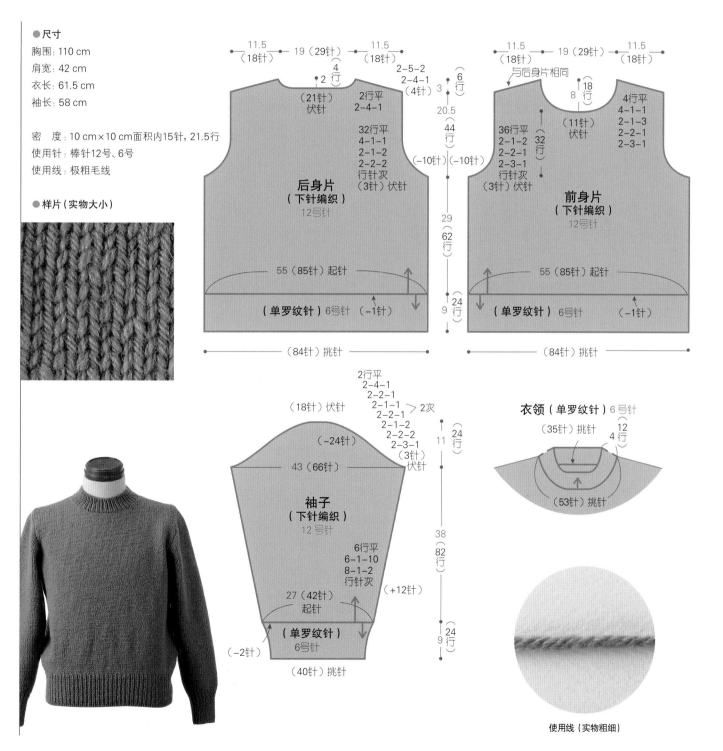

使用线（实物粗细）

17

3 ● 修改直线和斜线部分的长短调整尺寸

这里讲解的是通过修改衣长和袖长等直线和斜线部分的长短来调整尺寸的方法。

当自己的个子比较高，编织书上作品的衣长和袖长总是太短，或者个人喜欢比作品更短的款式，都可以用这种方法调整尺寸。

如果想修改图解的袖窿、领窝、袖山等弧线部分，必须掌握制图方面的知识。而衣长和袖长等直线和斜线部分，通过简单的计算就可以进行调整。

另外，下面还将为大家介绍袖下等斜线部分的简单的推算方法。

[直线部分的计算实例]

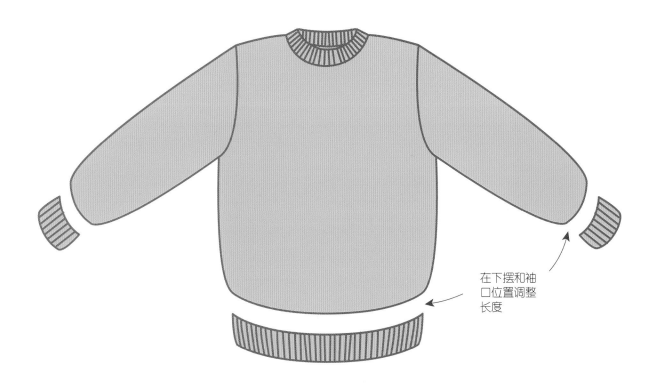

在下摆和袖口位置调整长度

基础作品（参照p.7）的密度：10 cm×10 cm面积内18针，24行

将基础作品的胁边加长3 cm（25.5 cm+3 cm=28.5 cm）

28.5 cm×2.4行（1 cm的行数）=68.4行 → 68行

※ 由于棒针编织以正、反面2行为单位进行操作，所以最后的行数要调整为偶数行。

修改部分如图解所示

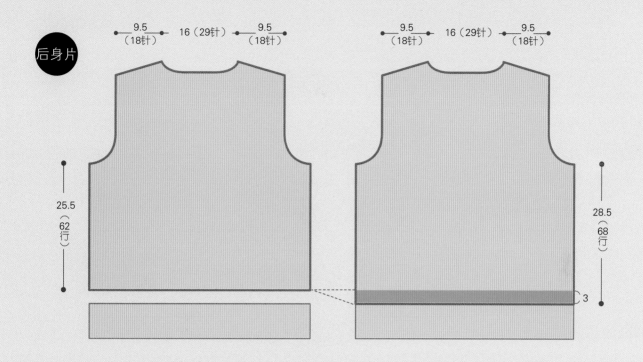

后身片

9.5（18针）　16（29针）　9.5（18针）

25.5（62行）

9.5（18针）　16（29针）　9.5（18针）

28.5（68行）

C 3

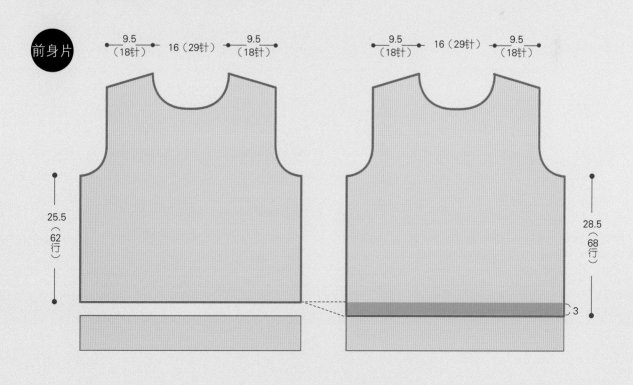

前身片

9.5（18针）　16（29针）　9.5（18针）

25.5（62行）

9.5（18针）　16（29针）　9.5（18针）

28.5（68行）

C 3

[调整斜线部分的长度]

像胁边等无须加、减针的直线部分，可以通过尺寸乘以密度计算出行数。

袖下用斜线表示，延长斜线后，有时必须重新进行推算。

假设要延长3 cm左右，也可以直接在袖口增加行数，编织完增加的行数后再编织指定的加针，完成后的袖形几乎没有什么异样。

不过，这里为大家讲解的是可以简单计算的斜线推算方法。

● 将袖长加长3 cm

基础作品（参照p.7）的密度：
10 cm×10 cm面积内18针，24行
将基础作品的袖下延长3 cm
（34 cm+3 cm=37 cm）
37 cm×2.4行（1 cm的行数）
=88.8行 → 90行（调整为偶数行）
推算结果也如图所示做了调整

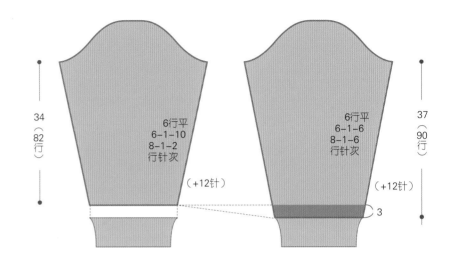

[斜线的推算]

下面以基础作品（参照p.7）为例讲解袖下的推算方法。袖下的加针数为12针。

从右图可以看出，加12针时需要13个间隔。

在编织推算中，最后（第13个）的间隔叫作"平织的行"。袖子等部位在左右两边各加1针或减1针时，基本上在正面的同一行进行操作。

❶由于只在正面行进行操作，所以作为计算前的准备先将袖下的行数除以2。（82行÷2=41行）

❷因为要加12针，所以用间隔数13作为一半行数（41行）的除数。

❸商是3，3×13=39，41行−39行=2行，余数是2。

接下来才是计算的关键！

❹得到的商3加上1（3+1=4），用间隔数13减去余数2（13−2=11）。

❺计算的结果是4行的2次，3行的11次（如图所示画出辅助箭头更容易理解）。这是间隔的行数，也就是说，在13个间隔中，4行为1个间隔的有2次，3行为1个间隔的有11次。

❻因为前面将行数除以2，所以现在要乘以2恢复原来的行数。
（每8行加1针共2次，每6行加1针共11次）

❼因为最后一个间隔是平织的行，所以推算的结果是：每8行加1针共2次，每6行加1针共10次，6行平。

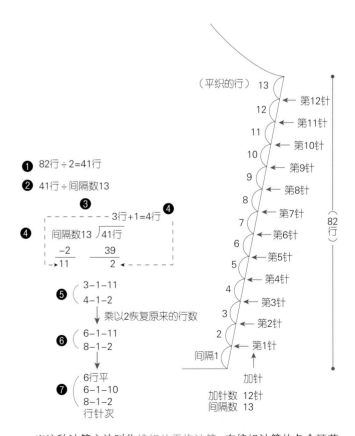

※这种计算方法叫作编织的平均计算，在编织计算的各个环节都会用到，学会之后将非常方便实用。

为了便于理解，
下面详细讲解一下编织的平均计算的思路

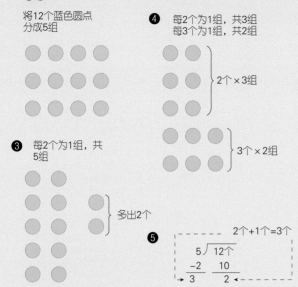

将12个蓝色圆点
分成5组

❹ 每2个为1组，共3组
每3个为1组，共2组

2个×3组

❸ 每2个为1组，共
5组

3个×2组

多出2个

❺

2个+1个=3个

$$5\overline{\smash{)}\begin{array}{l}12个\\-2\quad\ \ 10\\\hline 3\quad\ \ 2\end{array}}$$

❶一共有12个蓝色圆点。

❷要将这些蓝色圆点分成5组。

❸无法平均分组，每2个为1组可以分成5组，但是会多出2个。

❹将多出来的2个分别加到其他2组里。（相当于前面"斜线的推算"中的步骤❹）

❺计算的结果是：每2个为1组的共3组，每3个为1组的共2组。

关于袖下的推算

这款基础作品的袖下推算结果是：每8行加1针共2次，每6行加1针共10次，6行平。

实际编织时，也是先编织每8行加1针的部分，再编织每6行加1针的部分。

作为编织时约定俗成的做法，袖下的加针会将推算结果中行数较多的部分放在袖口，而将行数较少的部分放在袖山。

我们将推算结果画在方格纸上进行了验证。如左侧图中所示，袖下的曲线稍稍偏向内侧，线条自然美观。

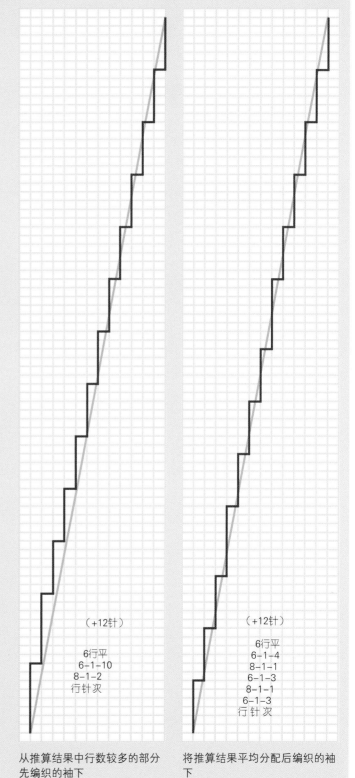

（+12针）

6行平
6-1-10
8-1-2
行针次

从推算结果中行数较多的部分
先编织的袖下

（+12针）

6行平
6-1-4
8-1-1
6-1-3
8-1-1
6-1-3
行 针 次

将推算结果平均分配后编织的袖下

4 ● 放大（缩小）衣宽调整尺寸

尺寸调整中最需要的可能就是衣宽的放大或缩小了。

有时编织书上的作品虽然长度很合适，但是因为体形的关系，衣宽总是太小或太大。

这种情况也是一样，如果改动袖窿和领窝等弧线部分，就需要重新制图，会比较麻烦。所以，我们会在肩宽上进行调整。

考虑到整体的协调性，放大肩宽时单边最多加2 cm左右，缩小肩宽时单边最多减1.5 cm左右。

肩部在大多情况下都会沿着体形倾斜，我们将其叫作斜肩。调整肩宽时，斜肩也必须进行重新推算。

这里还将为大家讲解可以简单计算的斜肩的推算方法。

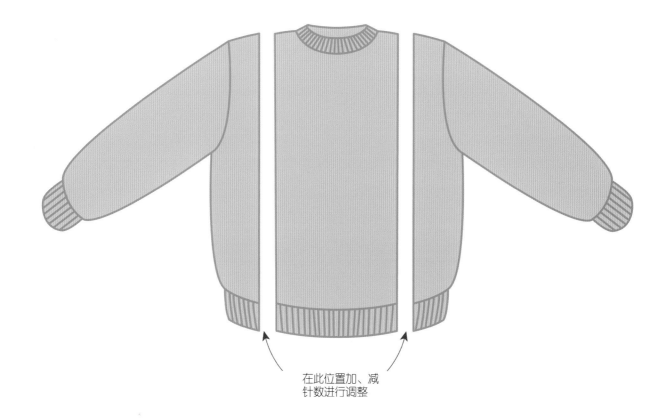

在此位置加、减
针数进行调整

[缩小衣宽]

基础作品（参照p.7）的衣长保持不变，将身片左右两侧的肩部各缩小1.5 cm，重新绘制了图解。
胸围变成了86 cm，比基础作品小了6 cm。

●尺寸

胸围：86 cm
肩宽：32 cm
衣长：53 cm
袖长：51 cm

使用针：棒针10号、5号
密　度：10 cm×10 cm面积内18针，24行

※肩部的推算结果有变化。

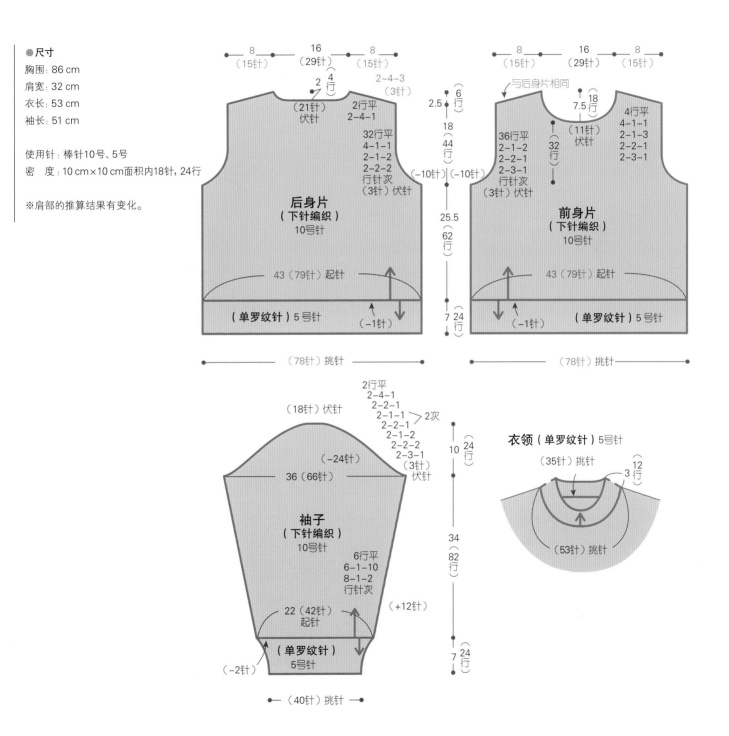

[放大衣宽]

基础作品（参照p.7）的衣长保持不变，将身片左右两侧的肩部各放大2 cm，重新绘制了图解。
胸围变成了100 cm，比基础作品大了8 cm。

●尺寸

胸围：100 cm
肩宽：39 cm
衣长：53 cm
袖长：51 cm

使用针：棒针10号、5号
密　度：10 cm×10 cm面积内18针，24行

※肩部的推算结果有变化。

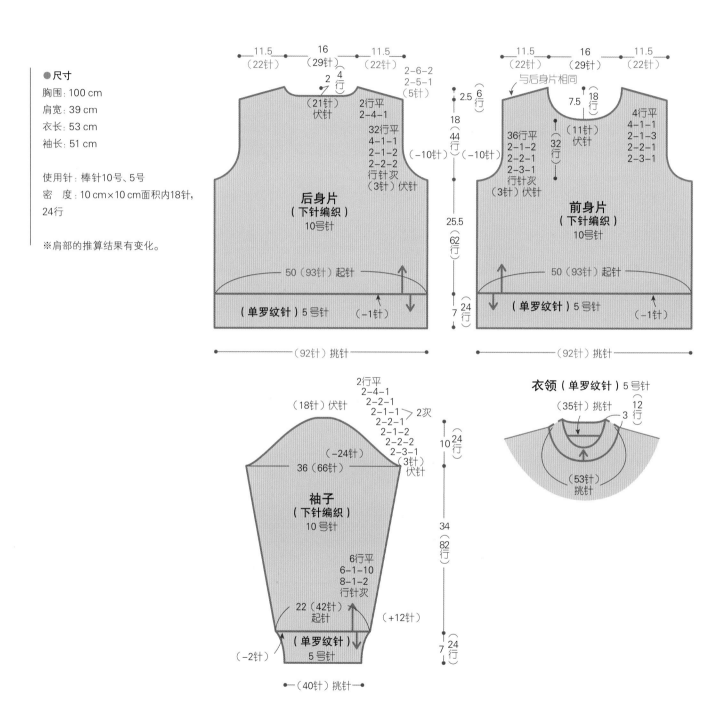

斜肩的推算

通过肩宽调整尺寸时，在肩线呈斜线的图解中，也必须重新推算斜肩部位的编织方法。因为计算方法很简单，学会之后将非常方便。与p.20斜线的推算要领相同，都使用平均计算的方法。下面以基础作品（参照p.7）的图解为例进行说明。斜肩的斜线采用引返编织技巧，而引返编织是以2行为单位进行操作的。

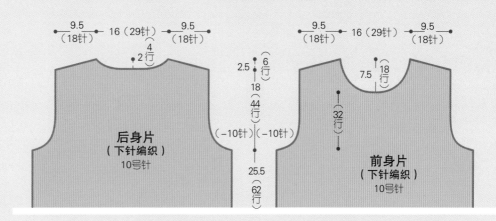

❶ 6行÷2=3次

❷ 18针÷（3次+1）

❸
❹
❺
```
        ┌ ── ── ─ 4针+1针=5针
    4次 )18针
        -2   16
       → 2    2  ◄
```

❻ 5针-2次
4针-2次
↓

❼ (2-5-2
❽ 2-4-2 → 2-5-2
2-4-1
行针次
（4针）

❶ 因为以2行为单位进行操作，所以先将斜肩的行数除以2。6行÷2行=3次

❷ 3次加上平织的部分，用4（3次+1）作为18针的除数。

❸ 商是4，4针×4次=16针，18针−16针=2针，余数是2。

❹ 将多出的2针各分1针到引返的针数上。

❺ 也就是说，得到的商4针加上1（4针+1=5）。再用次数4减去余数2（4次−2=2）。

❻ 计算的结果是4针的2次，5针的2次（如图所示画出辅助箭头更容易理解）。

❼ 斜肩的引返编织往往将平织的部分放在起点位置，所以将最初的4针作为平织的部分。

❽ 推算的结果是：（4针）平，每2行引返4针1次，每2行引返5针2次。

斜肩的推算通常将针数较少的部分放在肩点处

编织斜肩时，按推算得出的针数用引返编织的技巧进行编织。此时，将针数较少的部分放在肩点处做引返编织。
在这次的例子中，依次按"（4针）平、第1次引返4针、接下来2次各引返5针"的顺序编织。

● 让我们比较一下从较少的针数开始引返编织的情况和平均分配引返针数的情况。
虽然只是微妙的差异，但是可以看出，从较少的针数开始引返编织时更贴近斜肩的斜线。

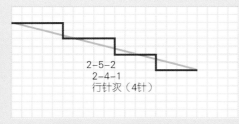

从较少的针数开始的引返编织

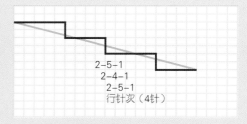

平均分配针数的引返编织

5 ● 肩宽不变的前提下放大衣宽

基础作品（参照p.7）的衣长和肩宽均保持不变，将身片两侧的胁部各加宽1.5 cm，重新绘制了图解。胸围变成了98 cm，比基础作品大了6 cm。

由于接袖位置的长度发生了变化，与之紧密相关的袖山长度也必须同时进行调整。与胁部增加的宽度一样，在袖宽的两侧也各加1.5 cm，改成39 cm。

※ 这种方法只适用于放大衣宽，不能用于缩小衣宽。而且，每个位置的尺寸最多可以放大2 cm。

●尺寸

胸围：98 cm
肩宽：35 cm
衣长：53 cm
袖长：51 cm

使用针：棒针10号、5号
密　度：10 cm×10 cm面积内18针，24行

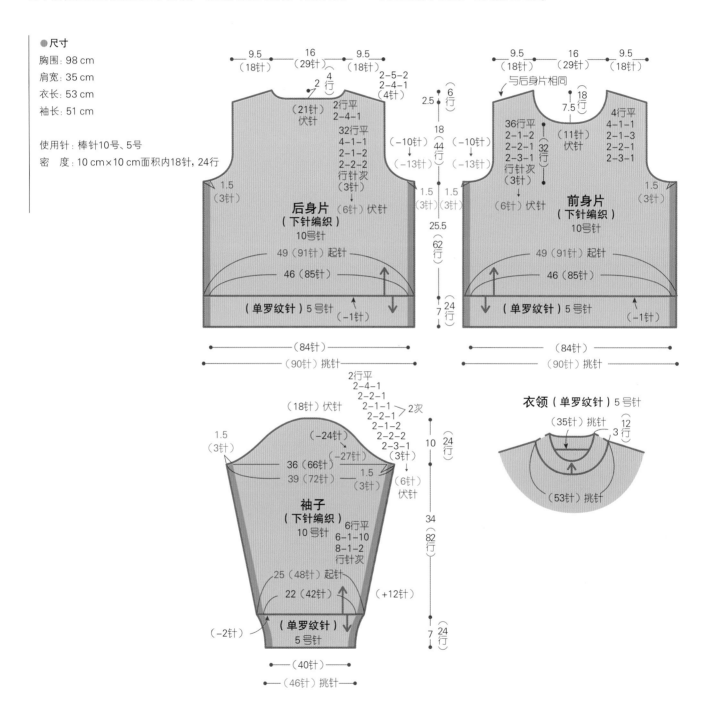

调整尺寸的小妙招❶ 在针数不变的前提下加入花样缩小宽度

接下来为大家介绍调整尺寸的小妙招。

这里保持肩宽的针数不变，换成麻花针等与下针编织相比容易收缩的花样，宽度就会变小，进而达到调整尺寸的目的。（注意接合肩部时不要拉伸织物）

作为示例，我们按肩宽的针数加入2种麻花花样进行了试编，宽度分别缩缩了2 cm。

想在肩宽部分加入花样作为设计的亮点，或者想把宽松的毛衣改得更加合身时，都可以使用这种方法。

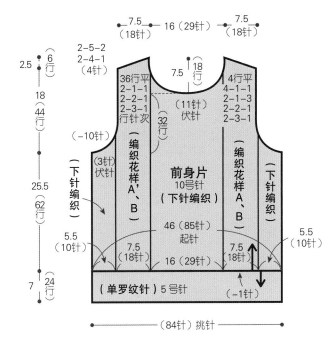

编织花样 A'

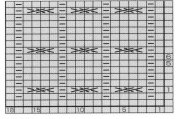

□=□

编织花样 A

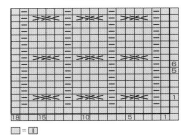

□=□

编织花样 B

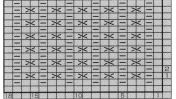

□=□

在肩宽部分加入了编织花样A和A'

将加入了编织花样A和A'的作品重叠在基础作品的前身片上，比较大小差异

在肩宽部分加入了编织花样B

将加入了编织花样B的作品重叠在基础作品的前身片上，比较大小差异

调整尺寸的小妙招❷ 通过缩绒处理来缩小尺寸

将宽大的毛衣缩小的方法还有"缩绒"。不过，这种方法伴随着一定的风险。

比如，想把已经不穿的毛衣改小一点，顺便换一种风格；或者很久以前买的毛衣太宽松又过时了，平常几乎不怎么穿，放在那里又太可惜，想改一改重新利用起来……缩绒处理可以说是这些毛衣的救星。

通常洗毛衣时，大家都会使用温水，挑选合适的洗涤剂，总是很小心以免毛衣缩水。而缩绒处理刚好相反，交替使用温水和冷水，再用干燥机烘干等，全是平常洗毛衣时绝对要避免的操作。这样

才能让织物收缩、毡化。

经过缩绒处理，织物呈现出另一种味道，一种正常编织难以实现的特殊质感。

为了验证缩绒的效果，我们编织了一件毛衣，然后进行了缩绒处理。首先采集作品的收缩数据，为了使缩绒后的作品是女装中号，经过一番计算后编织了一件大号毛衣。男装尺寸的毛衣缩绒后变成了女装中号的大小。

对现成的毛衣进行缩绒处理时，因为无法获得缩绒率的数据，可以一边观察效果一边反复清洗、烘干。

缩绒前的毛衣

缩绒前的样片（实物大小）

缩绒后的毛衣

缩绒后的样片（实物大小）

将缩绒前后的毛衣重叠在一起，
大小变化显而易见

缩绒前的作品尺寸

肩宽 41
袖长 66
衣长 68.5
胸围 108

缩绒后的作品尺寸

肩宽 38
袖长 55
衣长 50
胸围 94

缩绒的方法

1

将毛衣浸泡在温水中，倒入洗衣液洗涤。

2

然后用冷水清洗。

3

机器脱水。

4

再将毛衣浸泡在温水中，倒入洗衣液洗涤。此时，将毛衣包裹在棍子上，竖着、横着、斜着滚动洗涤，这样缩绒的效果会更加均匀。一边观察缩绒效果，一边按步骤4、2、3重复3~4次。

5

机器烘干20~30分钟。（烘干的过程中每隔10分钟左右看一下缩绒效果）

6

用熨斗整烫定型（在毛衣上喷足够的蒸汽，一边用手按压一边熨烫定型），完成。

缩绒后的毛衣应用作品

●发挥缩绒的特性，改造缩绒后的毛衣

毛衣在缩绒的过程中，毛纤维相互缠结，使织物呈现毡化的效果。毡化后的织物即使用剪刀进行裁剪，毛线也不会绽开。
下面这款作品就是利用缩绒的这一特性，将套头衫的前身片剪开后改成了开衫。

除此之外，缩绒后的毛衣还可以进行其他各种应用变化，譬如将袖子剪短变成七分袖或五分袖，或者将衣领剪成V字形改成V领毛衣等。

Arrange 1
缩绒后的毛衣

缩绒处理后，下摆和袖口等处的罗纹边缘会失去伸缩性。不过，毡化后的织物绒面、下摆和袖口的平整外形，都给人简洁时尚的感觉。

Arrange 2
将套头衫的前身片不对称剪开，改成开衫

将缩绒后的毛衣在前身片中心偏右位置剪开，改成了开衫。将同样缩绒处理后的编织绳装饰在边缘，成为设计的一大亮点。(参照p.31)

缩绒应用作品的制作方法

参照p.29的缩绒方法，先将毛衣进行缩绒处理。

毛衣

绳子的编织方法
使用没有堵头的棒针

将第1行终点的线头拉回至编织起点，朝相同方向编织第2行。按此要领重复编织。

藏青色

白色

缩绒后长2.5 m的绳子，各1条

1

参照图解编织藏青色和白色的绳子各1条，分别缩绒处理成2.5 m长左右备用。

2

在前身片中心偏右位置，沿着针目剪开。

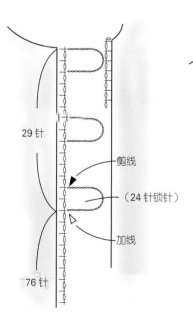

29针

剪线

（24针锁针）

加线

76针

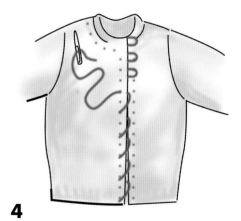

（105针）挑针

3

在剪开的前端钩织边缘调整形状，同时在右前身片钩织纽襻。（使用毛衣的编织线）

4

将准备好的绳子均匀地穿在前端和领窝部位。

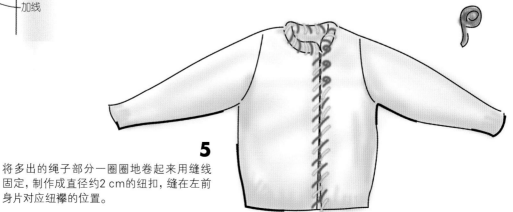

5

将多出的绳子部分一圈圈地卷起来用缝线固定，制作成直径约2 cm的纽扣，缝在左前身片对应纽襻的位置。

编织制图基础教程

前面讲解了简单的尺寸调整方法，接下来开始学习制图的基础方法。

了解制图的过程，不仅有助于调整尺寸，还可以进行各种不同的设计。

人们往往觉得制图很难，其实只要循序渐进地学习，就可以画出合乎自己尺寸的制图。

首先要了解自己的尺寸，就从量身开始吧！

量取尺寸

正式制图前，先要画出身体原型。所谓身体原型，是基于身体的各部位尺寸画出的身体基本形态。我们要测量的就是身体各部位的尺寸。为了量取准确的尺寸，要穿上贴身的T恤衫和短裤。注意不要加放松量，在水平或垂直方向进行测量。

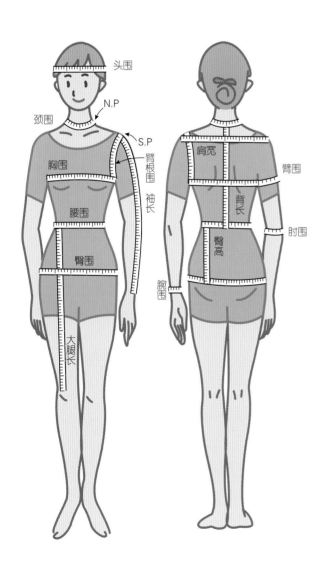

需要量取尺寸的各部位名称

颈围（N=Neck）

经过颈点（N.P=Neck Point）围绕颈根部测量一周。

胸围（B=Bust）

在胸部最高的部位水平测量一周。

腰围（W=Waist）

在腰部最细的部位水平测量一周。

臀围（H=Hip）

在臀部最粗的部位水平测量一周。

臀高

测量腰围（W）线到臀围（H）线的直线距离。

肩宽

测量肩点（S.P=Shoulder Point）到肩点的直线距离，注意不要沿着身体的弧度测量。

背长

测量后背第一块颈椎（低头时突出的部位）到腰围（W）线的长度。

袖长

手臂自然下垂，测量肩点（S.P）到手腕中间的长度。

臂根围（A.H=Arm Hole）

如图所示，在手臂下垂的状态下，不要加放松量，沿着手臂根部测量一周。

臂围

在手臂最粗的部位测量一周。

肘围

在肘关节上测量一周。

腕围

在手腕上测量一周。

制图时所需身体各部位的简称

（学习制图时，记住这些简称会很方便）

● N（Neck）…颈围

● B（Bust）…胸围

● W（Waist）…腰围

● H（Hip）…臀围

● A.H（Arm Hole）…臂根围

● N.P（Neck Point）…颈点（肩线上的颈根部）

● S.P（Shoulder Point）…肩点

标准尺寸

制图的尺寸应该全部以实际量取的尺寸为准。但是，无法量取尺寸时也可以参考标准尺寸进行制图。

（单位：cm）

	5~6岁	女性			男性		
尺寸	120	小号	中号	大号	小号	中号	大号
颈围（N）	28~30	32~35	33~36	34~37	34~37	36~39	38~41
胸围（B）	58~60	80	84	88	88	92	96
腰围（W）	58~60	58	64	68	72	74	76
臀围（H）	58~60	88	92	96	86	88	90
臀高	12	17	18	19	20	21	22
肩宽	26	33	35	37	40	42	44
背长	24~25	36	37	38	42	45	48
斜肩（☆）	2	4	4	4	4	4	4
后领深（☆）	1	1.5	1.5	1.5	1.5	1.5	1.5
袖长	32	48	50	52	53	55	57
臂根围	26	32	34	36	38	40	42
臂围	22	26	28	30	29	31	33
肘围	16	21	22	23	25	26	27
腕围	13	15	16	17	17	18	19
肘长※	19.2	28.8	30	31.2	31.8	33	34.2
大腿长	36~38	54	56	58	58	60	62

（☆）为规定尺寸　※ 肘长=袖长×3/5（计算所得数值）。

制图所需工具

设计制图本 制图时通常按实物的1/4尺寸绘制。为了便于1/4尺寸的制图，上面印制了缩小为1/4的方格。

设计制图尺 标有1/4刻度的尺子，用于1/4尺寸的制图。

扇形密度尺 内含一条标有1/4刻度的缩尺，富有柔软性，可以测量曲线的长度。此外，还包括一套推算时所需要的密度尺。

用这条缩尺测量曲线的长度。

身体原型的绘制

编织的制图有数种方法。

这里讲解的是从身体原型展开的制图方法。

从身体原型展开进行制图的方法是最为正规的。

首先要正确理解基础的制图方法，这对以后的编织设计以及创作将大有裨益。

下面以女性中号尺寸的身体原型为例分步骤讲解，实际操作时请按自己的尺寸进行绘制。

从后身片开始（画出正对着我们的右半身）　从粗线交叉处开始画。

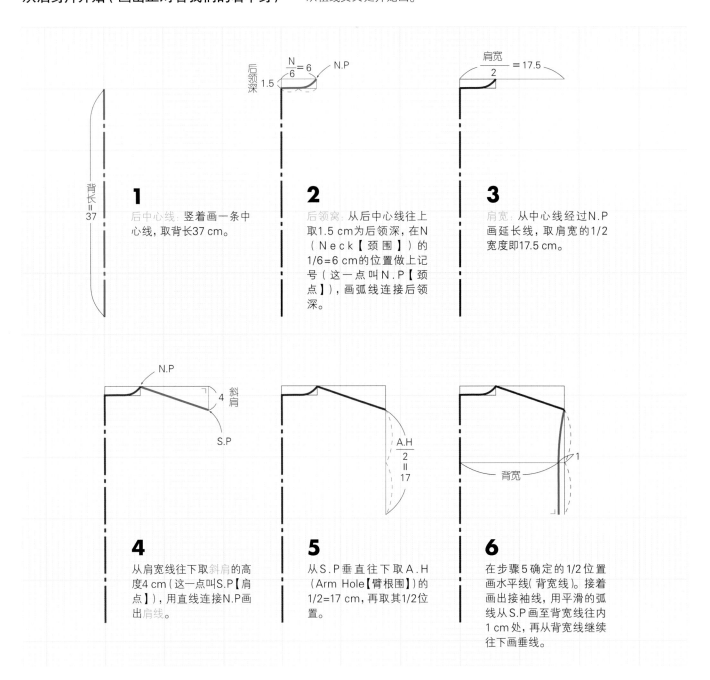

1 后中心线：竖着画一条中心线，取背长37 cm。

2 后领窝：从后中心线往上取1.5 cm为后领深，在N（Neck【颈围】）的1/6=6 cm的位置做上记号（这一点叫N.P【颈点】），画弧线连接后领深。

3 肩宽：从中心线经过N.P画延长线，取肩宽的1/2宽度即17.5 cm。

4 从肩宽线往下取斜肩的高度4 cm（这一点叫S.P【肩点】），用直线连接N.P画出肩线。

5 从S.P垂直往下取A.H（Arm Hole【臂根围】）的1/2=17 cm，再取其1/2位置。

6 在步骤5确定的1/2位置画水平线（背宽线）。接着画出接袖线，用平滑的弧线从S.P至背宽线往内1 cm处，再从背宽线继续往下画垂线。

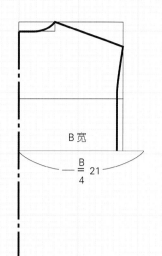

B宽

$\frac{B}{4} = 21$

7

从后中心线垂直向接袖线的终点画线，取B（Bust【胸围】）的1/4=21 cm。（B宽线）

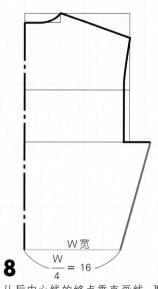

W宽

$\frac{W}{4} = 16$

8

从后中心线的终点垂直画线，取W（Waist【腰围】）的1/4=16 cm。（W宽线）接着用直线连接B宽线和W宽线。

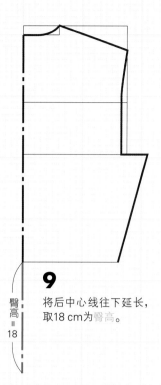

臀高=18

9

将后中心线往下延长，取18 cm为臀高。

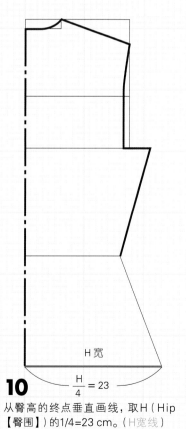

H宽

$\frac{H}{4} = 23$

10

从臀高的终点垂直画线，取H（Hip【臀围】）的1/4=23 cm。（H宽线）

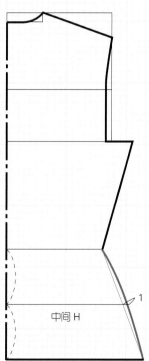

中间 H

1

11

用直线连接W宽线和H宽线，在中间位置（中间H）向外取1 cm，画出自然的弧线。

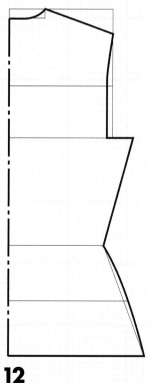

12

完成。

※身体原型通常画成虚线。

接着画前身片（画出正对着我们的左半身）

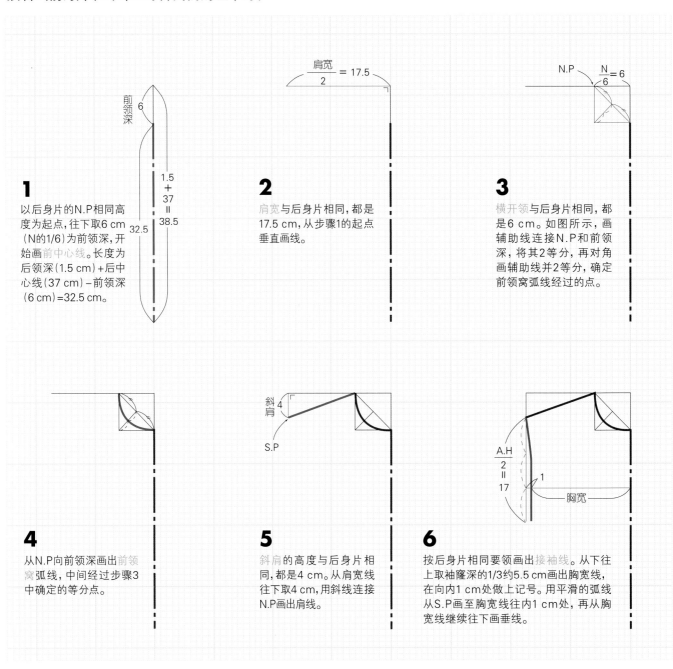

1

以后身片的N.P相同高度为起点，往下取6 cm（N的1/6）为前领深，开始画前中心线。长度为后领深（1.5 cm）+后中心线（37 cm）−前领深（6 cm）=32.5 cm。

2

肩宽与后身片相同，都是17.5 cm，从步骤1的起点垂直画线。

3

横开领与后身片相同，都是6 cm。如图所示，画辅助线连接N.P和前领深，将其2等分，再对角画辅助线并2等分，确定前领窝弧线经过的点。

4

从N.P向前领深画出前领窝弧线，中间经过步骤3中确定的等分点。

5

斜肩的高度与后身片相同，都是4 cm。从肩宽线往下取4 cm，用斜线连接N.P画出肩线。

6

按后身片相同要领画出接袖线。从下往上取袖窿深的1/3约5.5 cm画出胸宽线，在向内1 cm处做上记号。用平滑的弧线从S.P画至胸宽线往内1 cm处，再从胸宽线继续往下画垂线。

制图用线说明

– – – – – –	原型线（绘制原型时使用的虚线）
——————	粗线（制图完成时的外轮廓线）
—·—·—·—	中心线（上下、左右对称的制图中使用的对折线）
——————	细线（制图过程中的辅助线）
◠◠ ◠◠	等分线（表示将线段划分成若干等份）

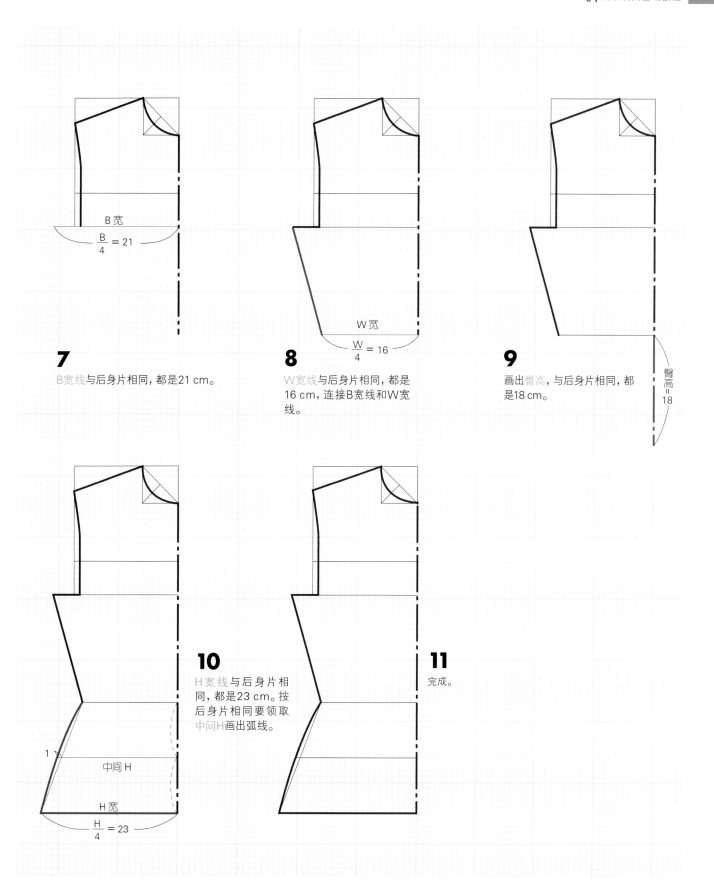

7

B宽线与后身片相同, 都是21 cm。

B 宽
$$\frac{B}{4} = 21$$

8

W宽线与后身片相同, 都是16 cm, 连接B宽线和W宽线。

W 宽
$$\frac{W}{4} = 16$$

9

画出臀高, 与后身片相同, 都是18 cm。

臀高 = 18

10

H宽线与后身片相同, 都是23 cm。按后身片相同要领取中间H画出弧线。

1
中间 H
H 宽
$$\frac{H}{4} = 23$$

11

完成。

袖子的画法（画出正对着我们的右半部分）

通常情况下，身片的制图完成后，量出A.H（臂根围，即袖窿弧线）的长度才能绘制袖子的原型。

这里假设A.H为21.5 cm，袖宽为17.5 cm（臂宽14 cm + 松量3.5 cm），在此基础上绘制原型。

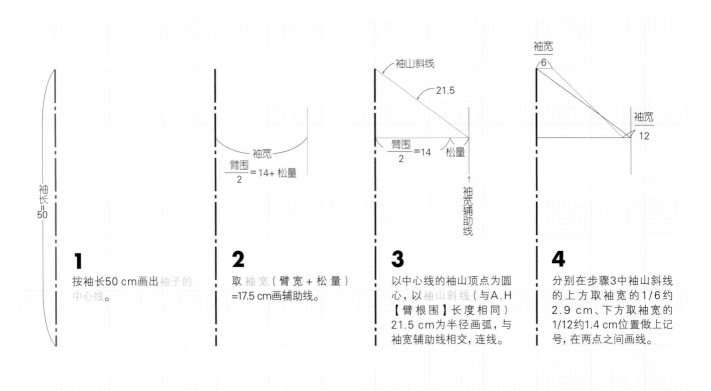

1

按袖长50 cm画出袖子的中心线。

2

取袖宽（臂宽 + 松量）=17.5 cm画辅助线。

3

以中心线的袖山顶点为圆心，以袖山斜线（与A.H【臂根围】长度相同）21.5 cm为半径画弧，与袖宽辅助线相交，连线。

4

分别在步骤3中袖山斜线的上方取袖宽的1/6约2.9 cm、下方取袖宽的1/12约1.4 cm位置做上记号，在两点之间画线。

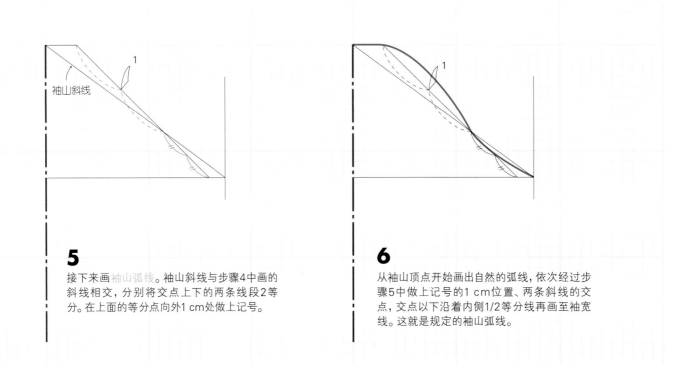

5

接下来画袖山弧线。袖山斜线与步骤4中画的斜线相交，分别将交点上下的两条线段2等分。在上面的等分点向外1 cm处做上记号。

6

从袖山顶点开始画出自然的弧线，依次经过步骤5中做上记号的1 cm位置、两条斜线的交点，交点以下沿着内侧1/2等分线再画至袖宽线。这就是规定的袖山弧线。

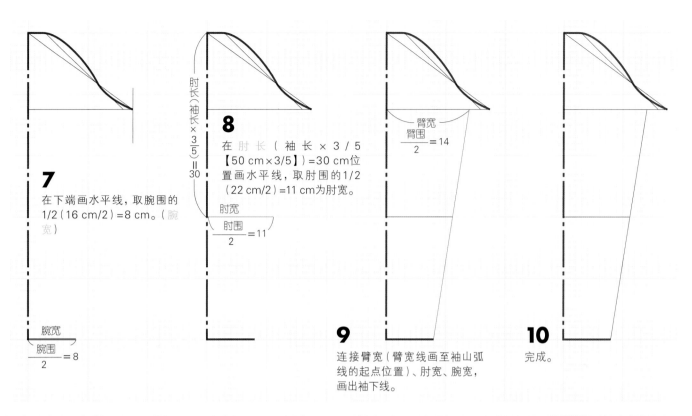

7

在下端画水平线，取腕围的 1/2（16 cm/2）=8 cm。（腕宽）

腕宽
$$\frac{腕围}{2}=8$$

肘长（袖长×3/5）=30

8

在肘长（袖长×3/5【50 cm×3/5】）=30 cm位置画水平线，取肘围的1/2（22 cm/2）=11 cm为肘宽。

肘宽
$$\frac{肘围}{2}=11$$

臂宽
$$\frac{臂围}{2}=14$$

9

连接臂宽（臂宽线画至袖山弧线的起点位置）、肘宽、腕宽，画出袖下线。

10

完成。

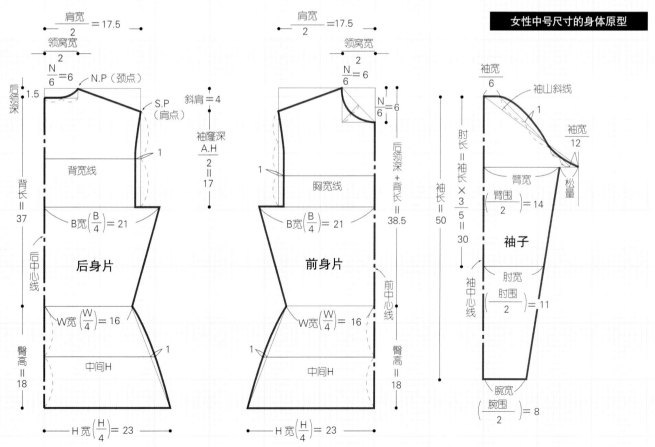

女性中号尺寸的身体原型

肩宽
$$\frac{肩宽}{2}=17.5$$

领窝宽
$$\frac{领窝宽}{2}$$

$$\frac{N}{6}=6$$

N.P（颈点）

S.P（肩点）

后领深 1.5

斜肩＝4

背宽线

袖窿深 A.H
$$\frac{A.H}{2}=17$$

1

背长＝37

B宽$\left(\frac{B}{4}\right)=21$

后身片

后中心线

W宽$\left(\frac{W}{4}\right)=16$

1

臀高＝18

中间H

H宽$\left(\frac{H}{4}\right)=23$

肩宽
$$\frac{肩宽}{2}=17.5$$

领窝宽
$$\frac{领窝宽}{2}$$

$$\frac{N}{6}=6$$

$$\frac{N}{6}=6$$

胸宽线

1

B宽$\left(\frac{B}{4}\right)=21$

前身片

后领深＋背长＝38.5

前中心线

1

W宽$\left(\frac{W}{4}\right)=16$

臀高＝18

中间H

H宽$\left(\frac{H}{4}\right)=23$

袖宽
$$\frac{袖宽}{6}$$

袖山斜线

1

袖宽
$$\frac{袖宽}{12}$$

臂宽

松量

$$\frac{臂围}{2}=14$$

袖长＝50

肘长＝袖长×3/5＝30

袖中心线

袖子

肘宽
$$\left(\frac{肘围}{2}\right)=11$$

腕宽
$$\left(\frac{腕围}{2}\right)=8$$

袖中心线

套头衫的制图

接下来讲解最基础的套头衫的制图。

以前面学过的身体原型为基础展开制图。

胸围的松量和套头衫的长度可按个人喜好决定，这里参考常规款式进行制图。

下面按顺序讲解制图的过程。大家不妨从自己的身体原型展开，尝试一下制图吧。

按此制图可以编织出这款作品。

※ 与基础作品（参照p.7）相同。

从后身片开始制图

先用虚线画好身体原型。后身片在右半身片展开制图。

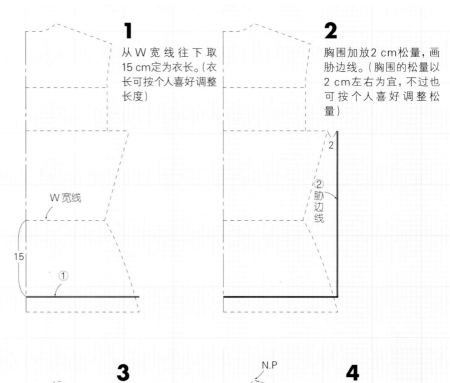

1 从 W 宽线往下取 15 cm 定为衣长。（衣长可按个人喜好调整长度）

2 胸围加放 2 cm 松量，画胁边线。（胸围的松量以 2 cm 左右为宜，不过也可按个人喜好调整松量）

领窝弧线的测量方法

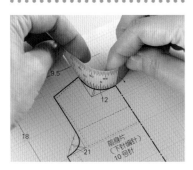

使用扇形密度尺中标有 1/4 刻度的缩尺（见p.33的介绍），放在制图中画好的领窝弧线上测量长度。

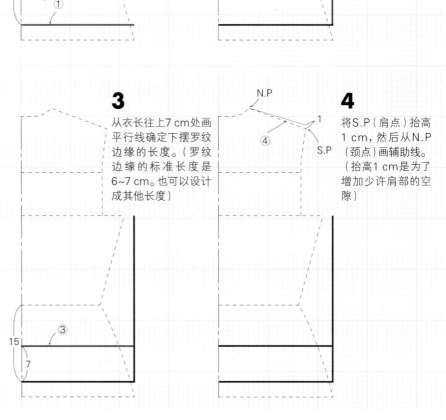

3 从衣长往上 7 cm 处画平行线确定下摆罗纹边缘的长度。（罗纹边缘的标准长度是 6~7 cm。也可以设计成其他长度）

4 将 S.P（肩点）抬高 1 cm，然后从 N.P（颈点）画辅助线。（抬高 1 cm 是为了增加少许肩部的空隙）

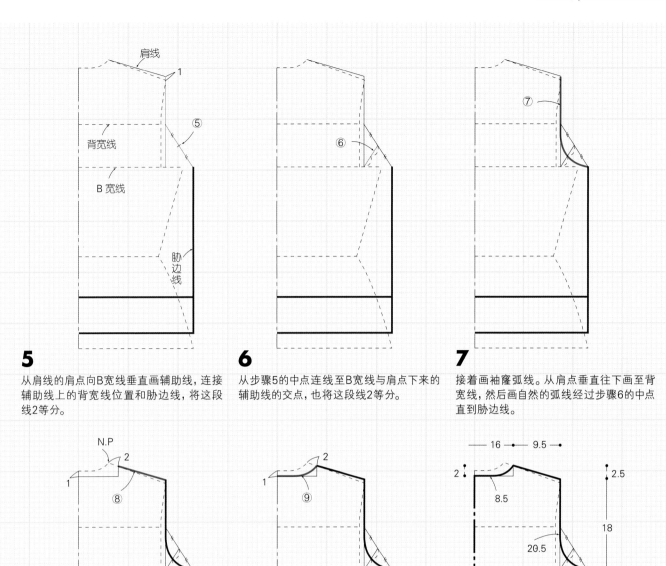

5

从肩线的肩点向B宽线垂直画辅助线，连接辅助线上的背宽线位置和胁边线，将这段线2等分。

6

从步骤5的中点连线至B宽线与肩点下来的辅助线的交点，也将这段线2等分。

7

接着画袖窿弧线。从肩点垂直往下画至背宽线，然后画自然的弧线经过步骤6的中点直到胁边线。

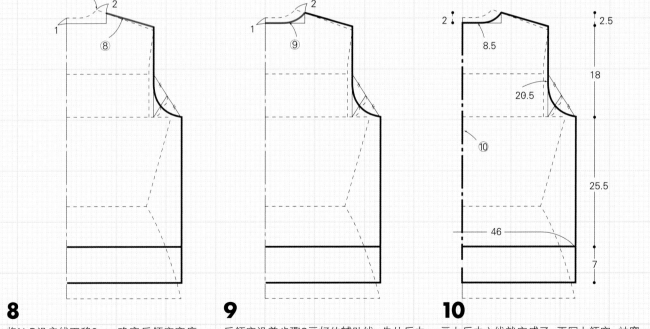

8

将N.P沿肩线下移2 cm确定后领窝宽度，再将后领深下降1 cm，分别画上辅助线。（此作品有3 cm高的衣领。为了使衣领稍微往上贴合颈部，设定了横开领加放尺寸。横开领的加放量可按设计和个人喜好进行调整）

9

后领窝沿着步骤8画好的辅助线，先从后中心线画直线至大约2/3位置，接着画出自然的弧线。

10

画上后中心线就完成了。再写上领窝、袖窿的长度以及各部分的尺寸，便于后面的推算。

继续前身片的制图

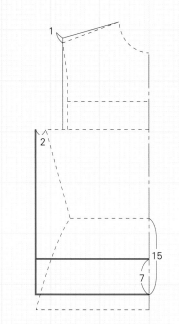

1
衣长、衣宽和胁边线、下摆罗纹边缘的长度、肩线的辅助线都按后身片相同要领绘制。

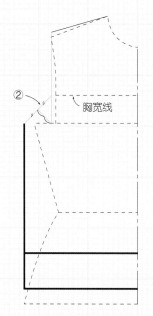

2
袖窿部位先从肩点垂直往下画辅助线，连接辅助线上的胸宽线位置和胁边线，将这段线2等分。再从中点连线至辅助线与B宽线的交点，也将这段线2等分。

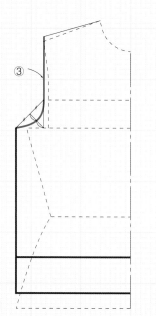

3
接着画袖窿弧线。从肩点垂直往下画至胸宽线，然后画自然的弧线经过步骤2的中点直到胁边线。(后袖窿浅一点，前袖窿深一点)

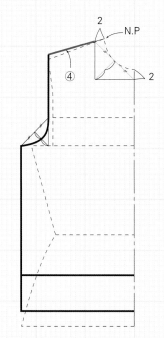

4
将N.P沿肩线下移2 cm确定前领窝宽度，再将前领深下降2 cm，分别画上前领窝宽和前领深的辅助线。接着画辅助线连接肩线的N.P和前领深，并将这段线2等分。再从中点连线至辅助线的交点，也将这段线2等分。

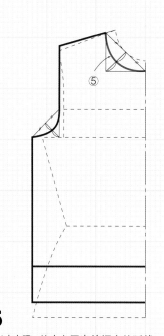

5
经过步骤4的中点画出前领窝的弧线。

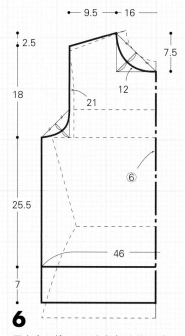

6
画上中心线，再写上各部分的尺寸。

袖子的制图

1

取袖长50 cm画中心线。接着按想要的实际袖宽（18 cm）画辅助线。（想要的实际袖宽=原型的臂宽14 cm+松量。此处的松量为4 cm，也可按个人喜好调整）

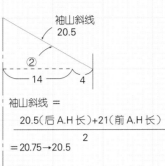

袖山斜线 =

$$\frac{20.5（后A.H长）+21（前A.H长）}{2}$$

$$= 20.75 \rightarrow 20.5$$

2

从中心线向辅助线取袖山斜线的长度，即前、后A.H（臂根围）长度的平均值（此处为20.5 cm）。从辅助线与袖山斜线的交点朝中心线画水平线，分别标出原型的臂宽（14 cm）和松量（4 cm）。

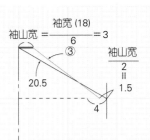

$$袖山宽 = \frac{袖宽（18）}{6} = 3$$

$$\frac{袖山宽}{2} = 1.5$$

3

在袖山的顶点位置画水平线，取实际袖宽（18 cm）的1/6=3 cm，接着取其1/2（1.5 cm）在袖山的起点位置画水平线，再用线连接两点。

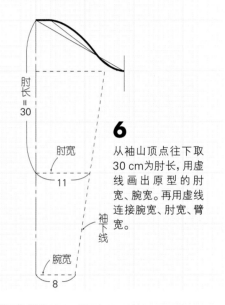

6

从袖山顶点往下取30 cm为肘长，用虚线画出原型的肘宽、腕宽。再用虚线连接腕宽、肘宽、臂宽。

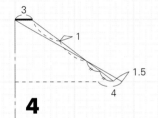

4

袖山斜线与步骤3所画斜线有一个交点，分别将交点上下的两条线段2等分。在上面的等分点向外1 cm处做上记号。

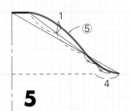

5

接着画出袖山弧线。以交点为界，上面有1 cm的弧度，下面沿线画至1/2位置，剩下部分画出自然的弧线。

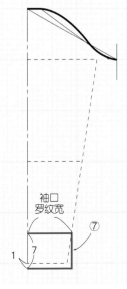

7

从原型往下延长1 cm定为实际袖长（51 cm），再从实际袖长往上取7 cm确定袖口罗纹边缘的长度。（将原型加长作为实际袖长是因原型的袖长偏短所做的调整。罗纹边缘的标准长度是6~7 cm，也可按个人喜好和设计进行调整）罗纹边缘的上端与原型线相交位置宽度就是袖口的罗纹宽度。

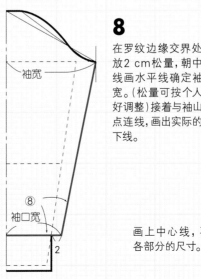

8

在罗纹边缘交界处加放2 cm松量，朝中心线画水平线确定袖口宽。（松量可按个人喜好调整）接着与袖山起点连线，画出实际的袖下线。

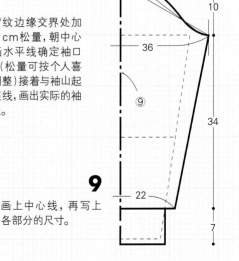

9

画上中心线，再写上各部分的尺寸。

套头衫衣领的变化

●V领套头衫

将圆领套头衫的衣领改成V领，变化的部位只有前领。
其他部位与p.40的套头衫制图方法相同。

密　度：10 cm×10 cm面积内18针，24行
使用线：中粗毛线
使用针：棒针10号、5号

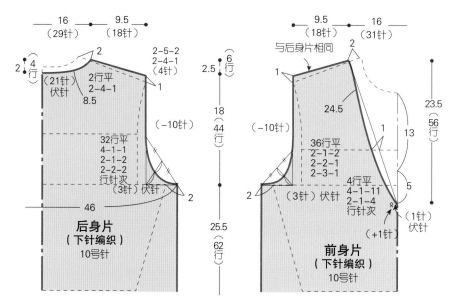

后身片（下针编织）10号针

16（29针）　9.5（18针）
2（4行）
（21针）伏针
2行平　2-4-1
8.5
2-5-2　2-4-1（4针）
1
（-10针）
32行平
4-1-1
2-1-2
2-2-2
行针次
（3针）伏针
46
2

2.5（6行）
18（44行）
25.5（62行）

前身片（下针编织）10号针

9.5（18针）　16（31针）
与后身片相同
1
2
24.5
1
（-10针）
36行平
2-1-2
2-2-1
2-3-1
4行平
4-1-11
2-1-4
行针次
（3针）伏针
2
（1针）（+1针）伏针
23.5（56行）
13
5

V领的制图要点

此处对V领深度的确定方法和领窝弧线的画法进行说明。

我们将V领的深度设定为13 cm。（深度可按个人喜好决定，领深13 cm的效果如作品图片所示）在往下5 cm处做上记号。

※ 原则上，V字领尖的罗纹深度是衣领宽度的1.7倍。也就是说，编织3 cm宽的衣领时，V字领尖的深度为3 cm×1.7=5.1→5 cm。

将N.P（颈点）沿肩线下移2cm，画辅助线连接领深18 cm处（13 cm+5 cm）。在胸宽线上内移1 cm形成弧度，画出领窝线。

用缩尺沿着领窝测量出长度，然后如图所示单独画出衣领。

衣领（单罗纹针）5号针

8.5×2　后领窝　　24.5　前领窝
3

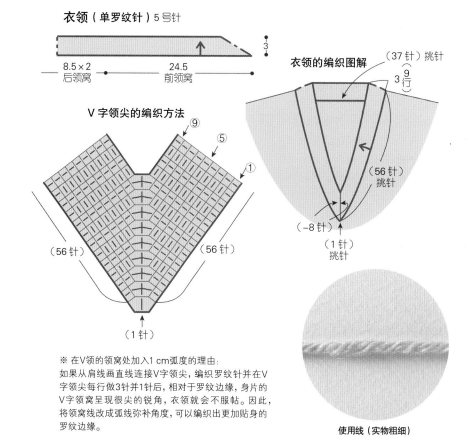

V字领尖的编织方法

⑨　⑤　①
（56针）　（56针）
（1针）

衣领的编织图解

（37针）挑针
3（9行）
（56针）挑针
（-8针）
（1针）挑针

※ 在V领的领窝处加入1 cm弧度的理由：
如果从肩线画直线连接V字领尖，编织罗纹针并在V字领尖每行做3针并1针后，相对于罗纹边缘，身片的V字领窝呈现很尖的锐角，衣领就会不服帖。因此，将领窝线改成弧线弥补角度，可以编织出更加贴身的罗纹边缘。

使用线（实物粗细）

● 高领套头衫

调整圆领套头衫的领窝部位，将其改成高领。

制图要点是减少领窝的横开领加放尺寸，这样穿着时衣领就不会往下滑。

领窝以外的其他部位与p.40的套头衫制图方法相同。

密　度：10 cm×10 cm面积内18针，24行
使用线：中粗毛线
使用针：棒针10号、5号

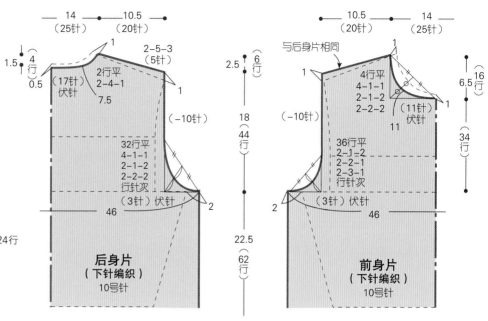

高领的制图要点

后领窝：将N.P（颈点）沿肩线下移1 cm确定领窝宽度，再将后领深从原型线下降0.5 cm，画出自然的弧线。

前领窝：将N.P（颈点）沿肩线下移1 cm确定领窝宽度，再将前领深从原型线下降1 cm，画辅助线连接两点，将该辅助线2等分。再从中点对角画辅助线，并将这段线2等分。经过该点画出前领窝弧线。

用缩尺沿着领窝测量出长度，然后如图所示单独画出衣领。

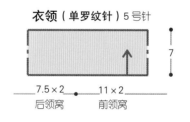

衣领（单罗纹针）5号针

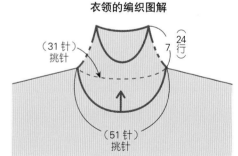

衣领的编织图解

使用线（实物粗细）

开衫的制图

继套头衫之后，接下来为大家讲解开衫的制图方法。

后身片和袖子的制图方法与套头衫相同，将前身片在中心分开，改成Y领开衫。制图要点是前开领深度的确定方法、前门襟的画法以及扣眼的位置。下面按顺序讲解开衫的制图过程。大家不妨从自己的身体原型展开，练习一下制图吧。

从后身片开始制图

后身片与套头衫的制图（参照p.40）相同。

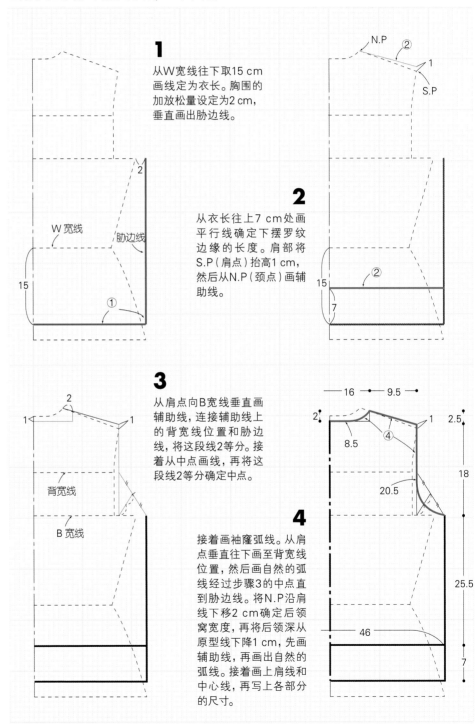

1 从W宽线往下取15 cm画线定为衣长。胸围的加放松量设定为2 cm，垂直画出胁边线。

2 从衣长往上7 cm处画平行线确定下摆罗纹边缘的长度。肩部将S.P（肩点）抬高1 cm，然后从N.P（颈点）画辅助线。

3 从肩点向B宽线垂直画辅助线，连接辅助线上的背宽线位置和胁边线，将这段线2等分。接着从中点画线，再将这段线2等分确定中点。

4 接着画袖窿弧线。从肩点垂直往下画至背宽线位置，然后画自然的弧线经过步骤3的中点直到胁边线。将N.P沿肩线下移2 cm确定后领窝宽度，再将后领深从原型线下降1 cm，先画辅助线，再画出自然的弧线。接着画上肩线和中心线，再写上各部分的尺寸。

前身片是开衫制图的关键

衣长、胁边线、罗纹边缘的长度、肩线都按后身片相同要领绘制。

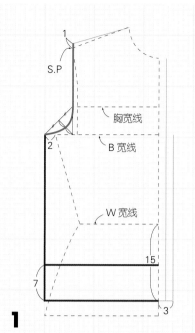

1

袖窿部位先从S.P垂直往下画辅助线，连接辅助线上的胸宽线位置和胁边线，将这段线2等分，接着从中点画线再2等分，然后经过该点画出袖窿弧线。在身片外侧取3 cm作为前门襟的宽度，这是前身片多出来的部分。分别画出表示前门襟宽度和中心线的辅助线。

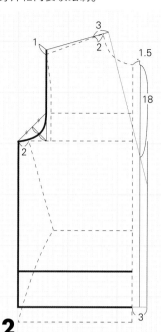

2

将前领深的开襟深度设定为18 cm〔开襟深度可按个人喜好调整〕。在前门襟的中心线上从原型的前领窝往下18 cm处做上记号。将N.P沿肩线下移2 cm确定前领窝宽度，再向外取前门襟宽度的3 cm，接着朝下降18 cm的开襟止点位置画辅助线。

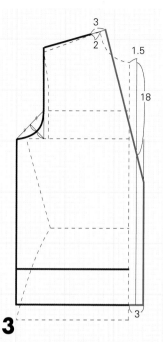

3

将步骤2的辅助线向下延长，画出前门襟的完成线。

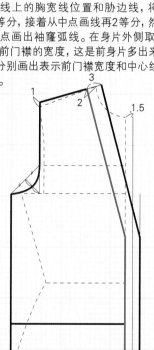

4

接着画出前门襟。与步骤3中画好的外轮廓线间隔3 cm画平行线，从肩线画斜线至身片前端，再垂直往下画至下摆。

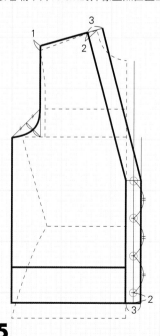

5

确定扣眼的位置。第1颗纽扣画在前门襟的斜线和直线转角处，最下面的纽扣在下摆往上2 cm处。中间部分根据纽扣数量平均分配。

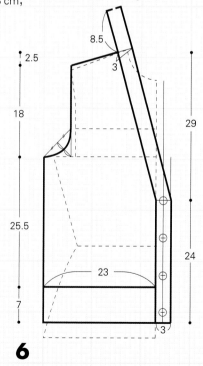

6

取后领窝相同尺寸8.5 cm接上后领，再写上各部分的尺寸就完成了。

袖子的制图 与套头衫袖子的制图（参照p.43）相同，此处再讲解一次。

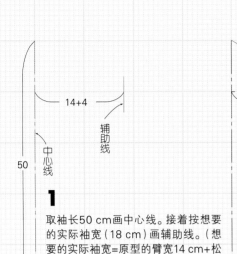

1

取袖长50 cm画中心线。接着按想要的实际袖宽（18 cm）画辅助线。（想要的实际袖宽=原型的臂宽14 cm+松量。此处的松量为4 cm，也可按个人喜好调整）

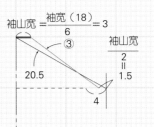

$$袖山斜线 = \frac{20.5（后 A.H 长）+21（前 A.H 长）}{2}$$
$$=20.75 \rightarrow 20.5$$

2

从中心线向辅助线取袖山斜线的长度，即前、后A.H（臂根围）长度的平均值（此处为20.5 cm）。从辅助线与袖山斜线的交点朝中心线画水平线，分别标出原型的臂宽（14 cm）和松量（4 cm）。

$$袖山宽 = \frac{袖宽（18）}{6} = 3$$
$$\frac{袖山宽}{2} = 1.5$$

3

在袖山的顶点位置画水平线，取实际袖宽（18 cm）的1/6=3 cm，接着取其1/2（1.5 cm）在袖山的起点位置画水平线，再用线连接两点。

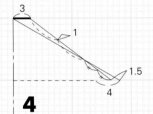

4

袖山斜线与步骤3所画斜线有一个交点，分别将交点上下的两条线段2等分。在上面的等分点向外1 cm处做上记号。

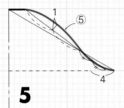

5

接着画出袖山弧线。以交点为界，上面有1 cm的弧度，下面沿线画至1/2位置，剩下部分画出自然的弧线。

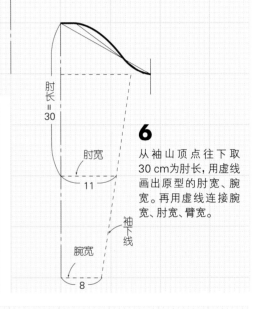

6

从袖山顶点往下取30 cm为肘长，用虚线画出原型的肘宽、腕宽。再用虚线连接腕宽、肘宽、臂宽。

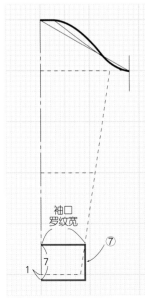

7

从原型往下延长1 cm定为实际袖长（51 cm），再从实际袖长往上取7 cm确定袖口罗纹边缘的长度。（将原型加长作为实际袖长是因原型的袖长偏短所做的调整。罗纹边缘的标准长度是6~7 cm，也可按个人喜好和设计进行调整）罗纹边缘的上端与原型线相交位置宽度就是袖口的罗纹宽度。

8

在罗纹边缘交界处加放2 cm松量，朝中心线画水平线确定袖口宽。（松量可按个人喜好调整）接着与袖山起点连线，画出实际的袖下线。

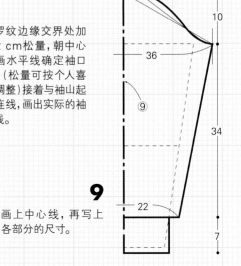

9

画上中心线，再写上各部分的尺寸。

将开衫的制图转换成编织图解

按前面学到的开衫制图实际编织出了作品。

拥有这样一件开衫，真是非常实用百搭。

关于推算的方法，将在下一部分进行详细讲解。

● 开衫的尺寸

胸围：95 cm

肩宽：35 cm

衣长：53 cm

袖长：51 cm

密　度：10 cm×10 cm面积内18针，24行

使用线：中粗毛线

使用针：棒针10号、5号

直径1.8 cm的纽扣4颗

使用线（实物粗细）

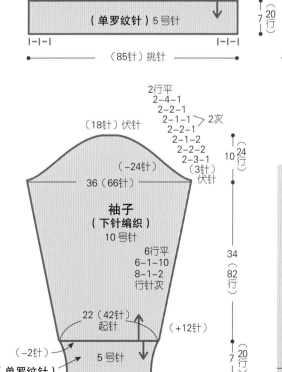

后身片
（下针编织）
10号针

9.5（18针）　16（29针）　9.5（18针）

4行　2

（21针）伏针

2行平　2-4-1（4针）

2行平
2-4-1
32行平
4-1-1
2-1-2
2-2-2
行针次
（3针）伏针

46（85针）起针

（单罗纹针）5号针

（85针）挑针

18　44行

25.5　62行

7　20行

（−10针）

前身片
（下针编织）
10号针

9.5（18针）　8（15针）

与后身片相同

2.5　6行

36行平
2-1-2
2-2-1
2-3-1
行针次
（3针）伏针

6行平
6-1-4
4-1-10
行针次

（1针）减针

29　70行

42　行

23（43针）起针

（单罗纹针）5号针

（43针）挑针

（−10针）

袖子
（下针编织）
10号针

2行平
2-4-1
2-2-1
2-1-1
2-1-2
2-2-2
2-3-1
（3针）伏针

2次

（18针）伏针

（−24针）

36（66针）

10　24行

6行平
6-1-10
8-1-2
行针次

34　82行

22（42针）起针

（−2针）　5号针

（单罗纹针）

7　20行

（40针）挑针

（+12针）

前门襟、衣领（单罗纹针）

5号针

（37针）挑针

10行

3行

（72针）挑针

扣眼（1针）

（57针）挑针

○=（15针）

（8针）

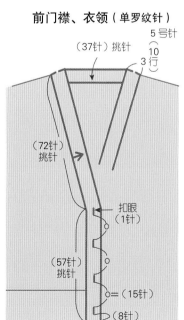

开衫衣领的变化

●圆领开衫

将p.40套头衫制图的前身片一分为二，再加上前门襟，将其改成开衫。
衣领与套头衫一样是圆领，突显了女性的温柔可爱。后身片和袖子的制图方法与p.40的套头衫相同。

密　度：10 cm×10 cm面积内18针，24行
使用线：中粗毛线
使用针：棒针10号、5号

要点

前门襟从下摆、身片前端、衣领挑针后编织单罗纹针，宽度为
3 cm。（前门襟的宽度可按设计和个人喜好决定）
确定扣眼的位置，第1个扣眼画在从上往下1.5 cm处，最下面的
扣眼画在下摆往上2 cm处。剩下的中间部分根据纽扣数量等
间距分配。

使用线（实物粗细）

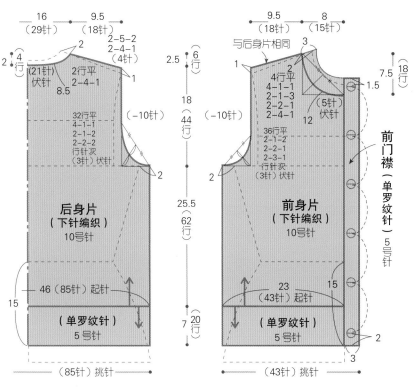

衣领、前门襟的编织图解

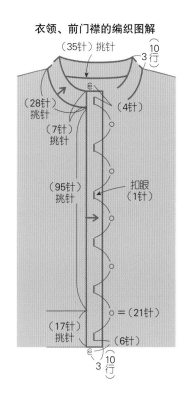

衣领（单罗纹针）5号针

扣眼（右前门襟）

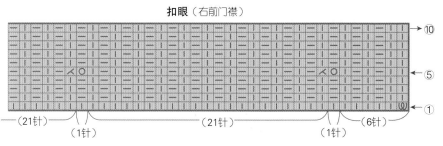

高领开衫

将p.45高领套头衫制图的前身片一分为二，将其改成高领开衫。

与套头衫一样，制图要点是减少领窝的横开领加放尺寸，这样穿着时衣领就不会往下滑，呈现漂亮的立领效果。

袖子的制图方法与p.40的套头衫相同。

密　度：10 cm×10 cm面积内18针，24行
使用线：中粗毛线
使用针：棒针10号、5号

要点

后领窝：将N.P（颈点）沿肩线下移1 cm确定领窝宽度，再将后领深从原型线下降0.5 cm，画出自然的弧线。

前领窝：将前身片在中心一分为二。将N.P（颈点）沿肩线下移1 cm确定领窝宽度，再将前领深从原型线下降1 cm，画辅助线连接，将该辅助线2等分。接着画线再2等分，然后经过该点画出前领窝的弧线。

使用线（实物粗细）

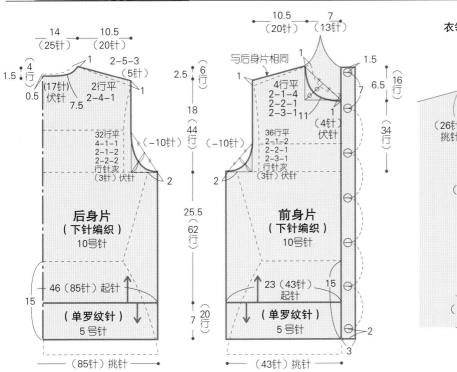

衣领、前门襟的编织图解

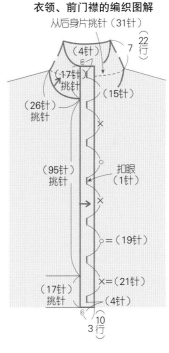

前门襟从下摆、身片前端、衣领挑针后编织单罗纹针，宽度为3 cm。（前门襟的宽度可按设计和个人喜好决定）

衣领（单罗纹针）5号针

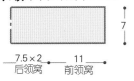

在衣领和身片的交界处加入扣眼，衣领会更加稳定有型。穿着时解开衣领的纽扣，感觉也很漂亮。

确定纽扣的位置。第1颗纽扣画在从上往下1.5 cm处，第2颗纽扣画在身片和衣领的交界处，最下面的纽扣画在下摆往上2 cm处。第2颗和最下面的纽扣之间的部分根据想要的纽扣数量平均分配。

扣眼（右前门襟）

不同原型的制图方法

●5~6岁儿童的身体原型和Y领开衫的制图

此处原型的画法与女性中号尺寸的原型相同。展开制图时，袖山的画法有所不同。

- 袖山宽…袖宽/5
- 袖宽线上的辅助线位置…袖宽/10
- 袖山弧线的弧高…0.5 cm

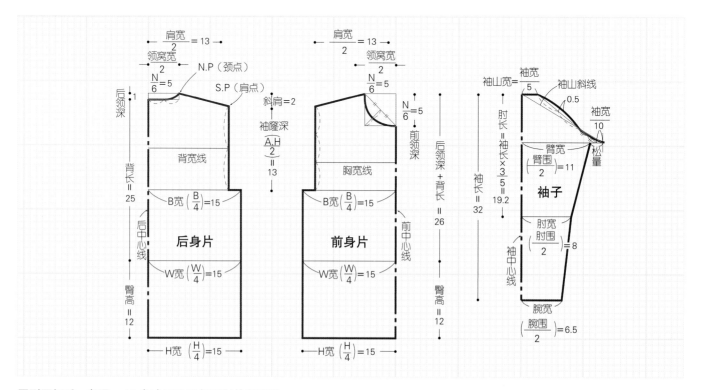

原型画好后，参照 p.46 尝试展开 Y 领开衫的制图吧。

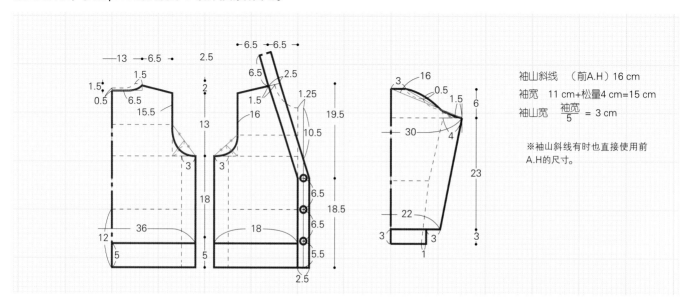

袖山斜线 （前A.H）16 cm

袖宽 11 cm+松量4 cm=15 cm

袖山宽 $\dfrac{袖宽}{5}$ = 3 cm

※袖山斜线有时也直接使用前 A.H 的尺寸。

●男性的身体原型和V领套头衫的制图

因为体型的关系，男性的原型与女性中号尺寸的原型存在一定差异。中间H的弧度比女性小，将其改成0.5 cm。

男性的胸围（B）在腋下绕胸部（Chest）测量一周。

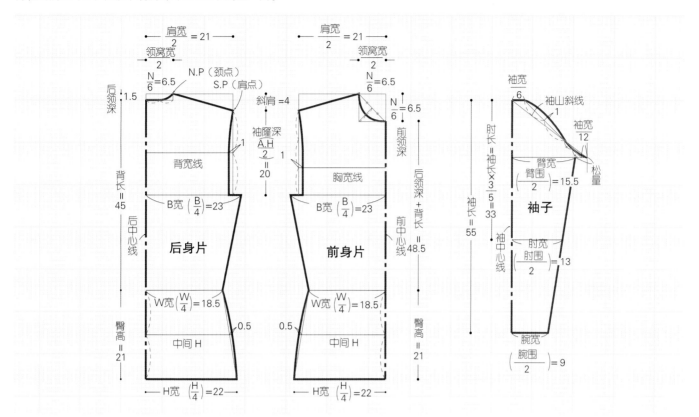

参照 p.44，在男性的原型基础上尝试展开 V 领背心的制图吧。

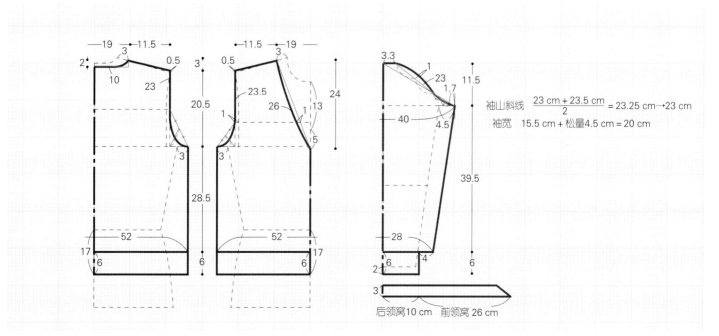

※展开背心的制图时，从袖隆的外轮廓线往内侧取边缘编织的宽度。

棒针编织的推算

制图结束后，接下来学习如何推算。

所谓推算，就是计算出编织毛衣时所需的针数、行数、斜线以及弧线的加、减针方法。

纵向、横向及斜向等笔直的线条可以通过计算得出数据，但是弧线需要画出方格进行推算。

毛衣的推算

下面以基础款套头衫的制图（参照p.40）为例，进行毛衣的推算。

首先从密度的测量开始。

密度是进行推算时最重要的因素。

[测量密度]

密度指的是针目的大小。

通常用 10 cm×10 cm 面积内的针数和行数表示。

为了测量密度，需要用作品实际使用的针线编织样片。样片的长和宽均为 15 cm 左右，测量中间平整部分的 10 cm 内有几针几行。

为了从平整的针目上获取正确的密度数据，编织样片的长度和宽度最少要 15 cm。

获得准确的密度是保证毛衣尺寸的第一要素。

样片编织完成后，用蒸汽熨斗喷上足够的蒸汽熨烫平整，再测量针数和行数。需要注意的是，如果直接将熨斗压在样片上，就会破坏针目的状态，失去应有的质感。所以熨烫时的小窍门就是稍稍悬空熨烫。

密　　度：10 cm×10 cm 面积内 18 针，24 行

使用线：中粗毛线

使用针：棒针 10 号

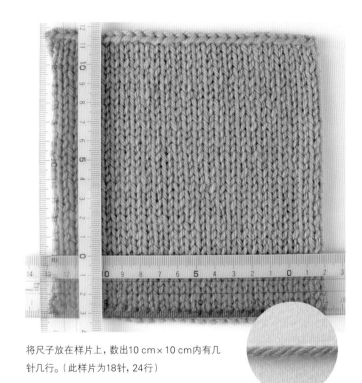

将尺子放在样片上，数出 10 cm×10 cm 内有几针几行。（此样片为 18 针，24 行）

使用线（实物粗细）

[计算直线部分的针数和行数]

直线部分的针数和行数是在密度的基础上计算出来的。

这款作品的密度是 10 cm×10 cm 面积内 18 针，24 行。

尺寸乘以密度就可以计算出对应的针数和行数。

（计算时，将密度换算成 1 cm 的针数和行数。此作品 1 cm 的密度是 1.8 针，2.4 行）

绘制编织图解时约定俗成的惯例

针数写在横括号里，行数写在竖括号里。

此外，最好也画上表示编织方向的箭头。

关于编织方向的箭头常规的做法是，先编织部分的箭头画在内侧，后编织部分的箭头画在外侧。

从 p.55 图解中画的箭头来看，先编织身片和袖子，然后挑针编织下摆和袖口的罗纹边缘。

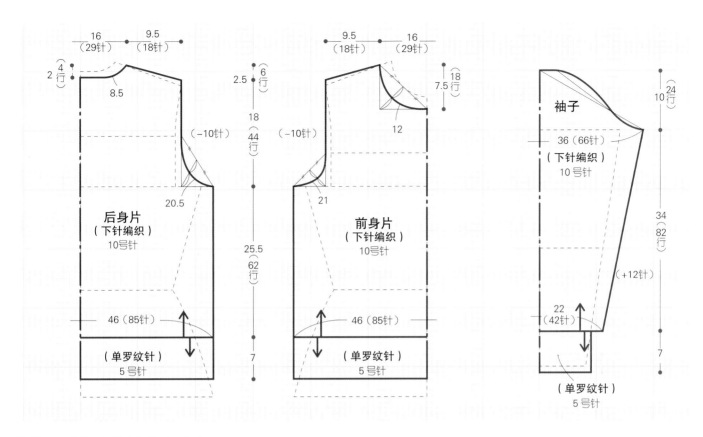

［前、后身片的计算方法］

针数的计算

各部分的尺寸×1 cm的密度（1.8针）。

下摆……计算46 cm×1.8针=82.8针 → 83针。但是，缝合胁部时会减少2针。（缝合时减少的针目就是缝份）加上这2针调整为85针。（需要加上缝份的地方有下摆、肩部、袖口、袖宽等）

肩宽……9.5 cm×1.8针=17.1针 → 17针+1针缝份=18针

领窝宽……16 cm×1.8针=28.8针 → 29针

袖窿的减针……85针（下摆）–[29针（领窝宽）+18针（肩宽）×2]=20针 20针÷2=10针 →单边袖窿减10针

行数的计算

各部分的尺寸×1 cm的密度（2.4行）。

由于棒针编织以正、反面2行为单位进行操作，所以最后的行数要调整为偶数行。

胁边长……25.5 cm×2.4行=61.2行 → 62行

袖窿深……18 cm×2.4行=43.2行 →44行

斜肩………2.5 cm×2.4行=6行

后领深……2 cm×2.4行=4.8行 → 4行

前领深……7.5 cm×2.4行=18行

［袖子的计算方法］

袖口……22 cm×1.8针=39.6针 → 40针+2针缝份=42针

袖宽……36 cm×1.8针=64.8针 → 64针+2针缝份=66针

袖下长……34 cm×2.4行=81.6行 → 82行

袖山高……10 cm×2.4行=24行

※计算所得数值基本上按四舍五入调整，再考虑其他相关因素确定最后的针数和行数。

斜线的推算

斜肩和袖下等笔直的斜线可以通过计算公式进行推算。
斜肩和袖下的推算方法请分别参照p.25和p.20的详细解说。
这里以基础款套头衫的制图为例，再讲解一次斜线部分的推算过程。

[斜肩的计算]

肩宽的针数=18针　斜肩的行数=6行

❶以2行为单位进行操作的引返编织次数：6行÷2行=3次。
因为做斜肩的引返编织时往往先留出平织的部分，所以用3次+1（平织的部分）=4次作为肩宽的针数（18针）的除数。

❷商是4，余数是2。
也就是说，4针×4次=16针，多出2针。
将多出的2针各分1针到引返的针数上，即将4针4次的其中2次改成5针。

❸4次引返中，5针的有2次，剩下的2次是4针。

❹写成算式如下图所示。
记住这个算式可以应用在编织的所有平均计算中，非常方便。

❺起始处平织的4针用括号表示。
斜肩的引返编织将针数较少的引返部分放在肩点处。推算的结果是：（4针）平，每2行引返4针1次，每2行引返5针2次。

```
6行÷2=3次
18针÷（3次+1）
            4针+1针=5针
        4次 ⌐18针
          -2   16
        →2   2  ◄
5针-2次
4针-2次
    ↓
 ⌐2-5-2      2-5-2
 ⌊2-4-2  →   2-4-1
           行针次
           （4针）
```

将斜肩的推算结果画在针目方格纸上

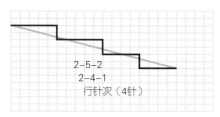

2-5-2
2-4-1
行针次（4针）

[袖下的计算]

袖围（66针）与袖口（42针）相差24针，在左右两侧分别加12针。

❶由于只在正面行进行操作，所以作为计算前的准备先将袖下的行数除以2。（82行÷2=41行）

❷因为要加12针，所以间隔数为12+1（平织的行）=13，用间隔数13作为一半行数（41行）的除数。

❸商是3，3×13=39，41行-39行=2行，余数是2。

❹得到的商3加上1（3+1=4），用间隔数13减去余数2（13-2=11）。

❺计算的结果是4行的2次，3行的11次（如图所示画出辅助箭头更容易理解）。这是间隔的行数，也就是说，在13个间隔中，4行为1个间隔的有2次，3行为1个间隔的有11次。

❻因为前面将行数除以2，所以现在要乘以2恢复原来的行数。（每8行加1针共2次，每6行加1针共11次）

❼因为最后一个间隔是平织的行，所以推算的结果是：每8行加1针共2次，每6行加1针共10次，6行平。

❶ 82行÷2=41行

41行÷间隔数13

```
              ❸
          ⌐ ─3行+1=4行 ❹
间隔数13 ⌐41行
❷      -2    39
     →11    2  ◄
```

❺ ⌐3-1-11
  ⌊4-1-2
      ↓ 乘以2恢复原来的行数
❻ ⌐6-1-11
  ⌊8-1-2
      ↓
❼ ⌐6行平
  │6-1-10
  ⌊8-1-2
  行针次

将袖下的推算结果画在针目方格纸上

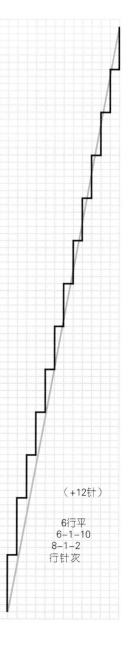

（+12针）

6行平
6-1-10
8-1-2
行针次

[标出了直线和斜线部分推算数据的制图]

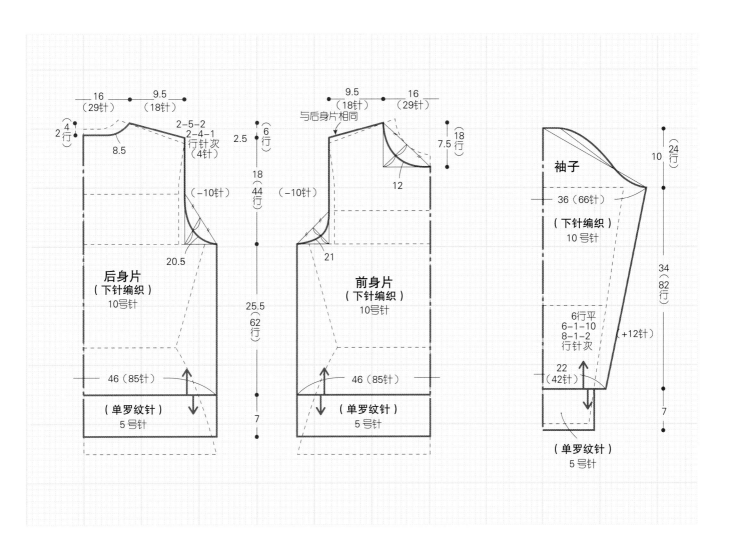

关于袖下的推算

作为推算时约定俗成的做法，袖下的加针会将推算结果行数较多的部分放在袖口，而将行数较少的部分放在袖山。

以此作品中袖下的推算为例，先编织每8行加1针的部分，再编织每6行加1针的部分。（请参照p.56的推算图）

像袖子等部位在左右两侧各加1针或减1针的情况，基本上都是在正面的同一行进行操作。

弧线的推算

进行弧线部分的推算时，先画出实物大小的制图，然后在需要推算的部分画出针目大小的方格，再呈阶梯状画弧线。

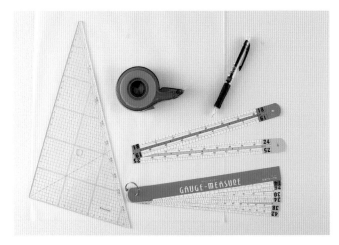

推算所需工具
❶扇形密度尺
　　集合了各种密度的尺子，
　　分别标有针目大小的刻度。
❷（自动）铅笔
❸描图纸
❹胶带
❺尺子

[推算方法]

以此作品为例，10 cm×10 cm面积内的密度是18针，24行。

1 将需要推算的部分画成实物大小的制图。（也可以用复印机将1/4制图放大4倍）

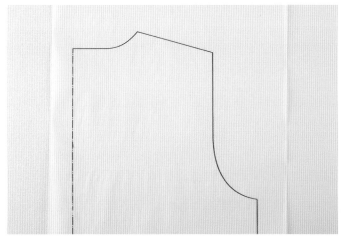

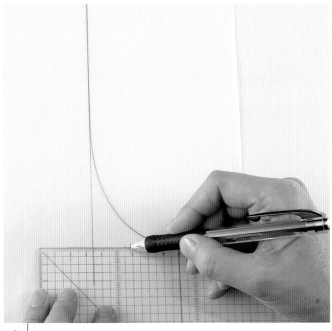

2 将描图纸叠放在实物大小的制图上，沿着肩点下来的线笔直画一条竖线，然后与之垂直在袖窿起始位置画一条横线。

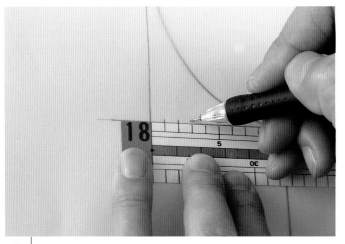

3 用密度尺标出针数部分的刻度。因为此作品的密度是18针，所以使用标有数字18的密度尺。

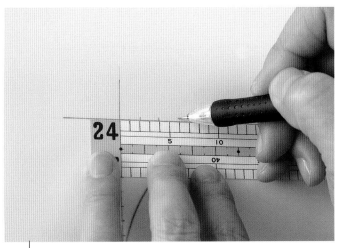

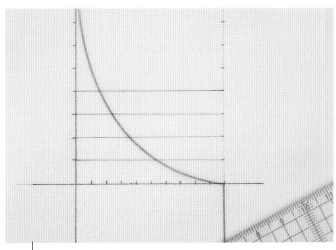

4 接着标出行数部分的刻度。根据作品的密度使用标有数字24的密度尺。因为编织物通常以2行为单位进行推算，所以每隔2行标出刻度。

5 按标出的刻度画出水平线和其垂直线。

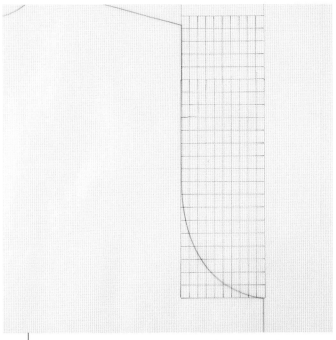

7 沿着袖窿轮廓线和方格的交点，呈阶梯状画弧线。

6 按密度画好了方格。1格的大小相当于实际针目的1针2行。

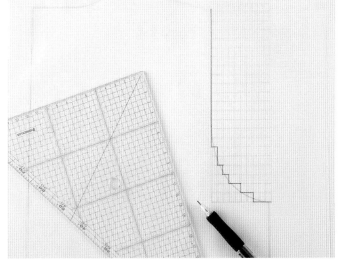

8 袖窿部位10针减针的推算完成。领窝和袖山也按相同要领进行推算。

各部位弧线的推算

用密度尺画出方格后进行各部位弧线的推算，然后按推算结果编织毛衣。
下面对照一下各部位的推算方格图纸和编织实物吧。

后袖窿

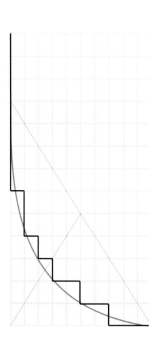

后领窝

后领深在制图上是2 cm，根据行数的密度换算，2 cm×2.4行=4.8
行。画成方格推算时无法完全取计算出的行数。此时按个人喜好，
或者舍去小数点后数字取4行，或者进位取6行。这里取更接近原数
值的4行。

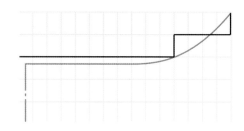

前袖窿

比起后袖窿，弧度更深一点。

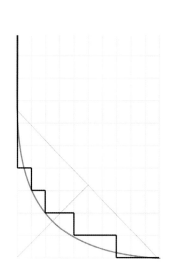

前领窝

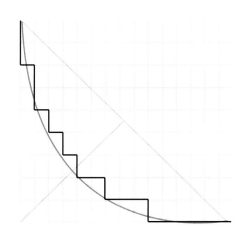
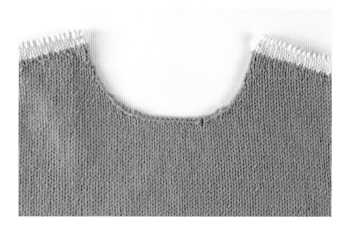

袖山

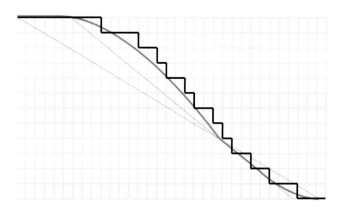

使用针目方格纸进行弧线的推算

下面讲解如何使用针目方格纸进行弧线的推算。

针目方格纸是按针目的纵横比印制的方格纸。

既可以用于弧线的推算，也可以用于配色图案等花样的设计。

使用这种针目方格纸，比起用密度尺画方格要更加省时省力。

[使用针目方格纸推算的方法（后袖窿）]

首先计算出袖窿宽的尺寸和针数、画袖窿辅助线时需要的B宽线到背宽线的尺寸和行数。

（作品的密度：10 cm×10 cm面积内18针，24行）

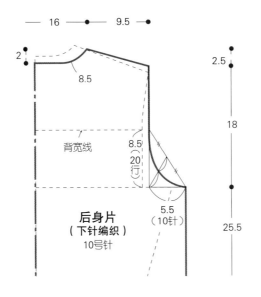

后身片
（下针编织）
10号针

背宽线

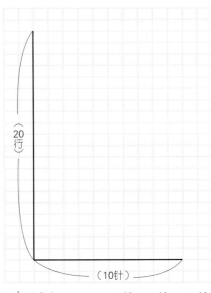

1 袖窿宽　5.5 cm×1.8针=9.9针 → 10针
B宽线到背宽线　8.5 cm×2.4行=20.4行
→ 20行
先在针目方格纸上画出基本线。

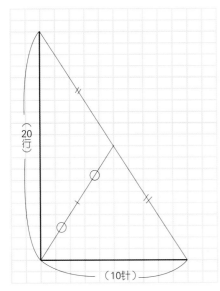

2 画辅助线连接胁边和背宽线，将该辅助线2等分，接着从中点画辅助线至袖窿水平线与肩点垂直线的交点，再标出这段线的中点。

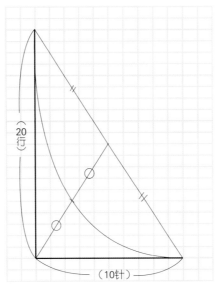

3 经过步骤2中确定的中点，从背宽线向胁边画出自然的弧线。这就是袖窿的外轮廓线。

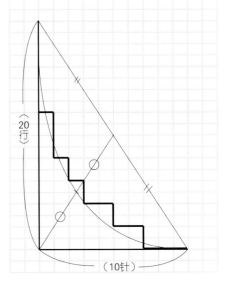

4 沿着袖窿外轮廓线和针目方格的交点，呈阶梯状划分弧线。由于编织物的加、减针往往在正面行操作，所以以2行为单位进行推算。后袖窿的推算完成。与使用密度尺进行推算的结果一样。

使用针目方格纸进行各部位的推算

后袖窿

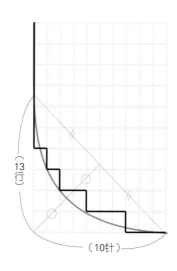

前袖窿

后领窝

在后领深4行、领窝宽29针的一半14.5针的范围内画出弧线。

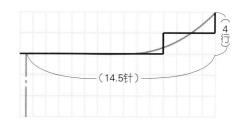

前领窝

在前领深18行、领窝宽29针的一半14.5针的范围内画出弧线。

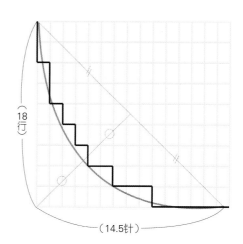

针目方格纸的使用方法

有的复印机可以分别设置纵横的缩放倍数，复印时可以将针目方格纸缩放到与作品密度完全吻合。像交叉花样等行高会缩短的编织花样，想要画出准确的推算弧线时，使用这种方法就非常方便。

袖山

在袖山高10 cm（24行）、袖围的一半（袖宽）33针减去1针缝份的32针位置之间画辅助线。在袖山顶点水平取3 cm（6针），在袖山弧线的起点处向内取其一半（3针），画辅助线连接这两点。在2条辅助线交点的上方线段的中心位置目测外移1 cm处做上记号，画出袖山弧线。

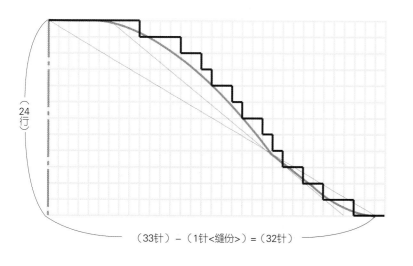

如何简单计算出罗纹边缘的针数和行数

下面讲解如何简单地确定下摆、袖口、衣领等罗纹边缘部分的针数。原本可以使用编织罗纹边缘时相同的针试编样片后测量密度，但是如果没有经验很难获取准确的数据。接下来介绍的方法可以简单计算出罗纹边缘的针数和行数，那就是利用身片的下针编织密度进行推算。作为参照的下针编织样片是用与身片相同的

针编织的，此作品用的是10号针。编织罗纹边缘时使用的针要比编织身片和袖子的针小3~4号或者细一半。（根据款型设计也有不换针号的情况）注意下摆和袖口等不同部位的计算方式也有所不同。（作品的密度是10 cm×10 cm面积内18针24行，罗纹边缘使用5号针编织）

[下摆]

下摆将下针编织的身片针数直接用作罗纹边缘的针数。行数可以一边编织一边测量，将罗纹针的上针部分稍稍拉开摊平测量，编织至所需尺寸即可。此时，一定要在偶数行结束编织，这样可以看着正面做罗纹针收针。记录下行数，尽量与其他部位的行数保持统一。

此作品的身片是85针，罗纹边缘的针数需要偶数，所以改成了84针。

行数是24行。

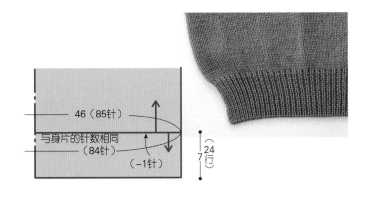

46（85针）
与身片的针数相同
（84针）
（−1针）
7（24行）

[袖口]

针数是将袖口的罗纹边缘总宽度乘以下针编织的密度再加20％。行数按下摆相同要领确定。此作品中，袖口的罗纹边缘总宽度是18 cm，计算的过程是：

18 cm×1.8针×1.2（加20％）=38.88针 → 40针

行数与下摆相同，都是7 cm24行。

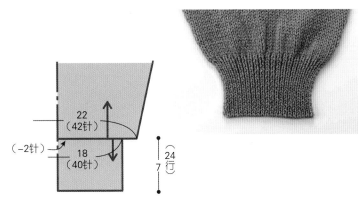

22（42针）
（−2针）
18（40针）
7（24行）

※计算罗纹边缘的针数和行数时可以利用的是下针编织的密度。

如果身片和袖子按麻花针或镂空花样编织时，就必须另外用下针编织样片并测量密度。编织样片时使用与身片和袖子相同的针号。

[衣领]

针数是将领围尺寸乘以下针编织的密度再加20％。
行数按下摆相同要领确定。

此作品中，领围尺寸是41 cm，计算的过程是：

41 cm×1.8针×1.2（加20％）=88.56针 → 88针

前领围的尺寸是24 cm，计算的过程是：

24 cm×1.8针×1.2（加20％）=51.84针 → 53针

后领围的尺寸是17 cm，计算的过程是：

17 cm×1.8针×1.2（加20％）=36.72针，根据衣领整体的挑针数调整一下，

88针−53针（前领）=35针

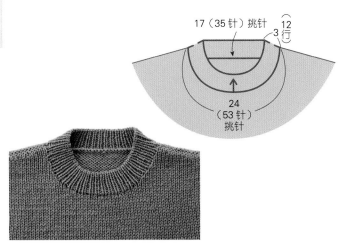

17（35针）挑针
12（3行）
24（53针）挑针

推算完成！

套头衫的编织图解完成。如下图所示，衣领最好单独画出图解。

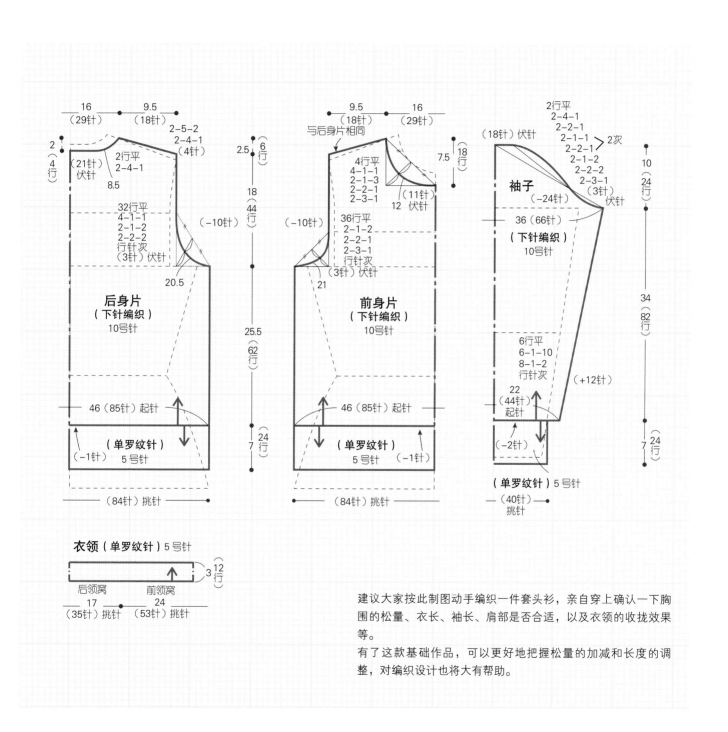

建议大家按此制图动手编织一件套头衫，亲自穿上确认一下胸围的松量、衣长、袖长、肩部是否合适，以及衣领的收拢效果等。

有了这款基础作品，可以更好地把握松量的加减和长度的调整，对编织设计也将大有帮助。

按照推算编织出各部分的织片

后身片

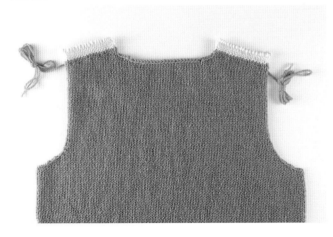

前身片

袖子

各部分织片编织完成后，用蒸汽熨斗喷上蒸汽，在织物上方稍稍悬空熨烫。
接下来要做的是接合肩部，缝合胁部和袖下，编织衣领。

套头衫完成啦！

这是一件简单、百搭的套头衫。
不妨在第2件作品中加入花样，
挑战一下原创毛衣吧。

将编织书上的图解改成自己的尺寸

编织书上的作品是按中号尺寸制作的，编织图解中并没有显示原型线。

首先，将编织图解叠放在中号尺寸的原型上，确认松量等数据。

然后，尝试从自己尺寸的原型展开制图并调整尺寸。

以编织书上的作品图解为例一步步展开吧

（例：《毛线球29》p.42的作品　设计：河合真弓）

材料
Ski 毛线 Ski Quartz 沙米色（1722）215g/8 团

工具
棒针4号、5号

成品尺寸
胸围 90 cm，肩宽 32 cm，衣长 52.5 cm，袖长 39.5 cm

编织密度
10 cm×10 cm 面积内：编织花样 25.5针，32 行

编织要点
● 身片、袖子…手指起针，编织起伏针和编织花样。第1行将成为反面行，需要注意。参照图示减针。
● 组合…肩部做盖针接合，胁、袖下使用毛线缝针做挑针缝合。领窝挑取指定数量的针目，环形编织起伏针。编织终点做伏针收针。钩织引拔针缝合衣袖和身片。

42 页的作品 ★★★

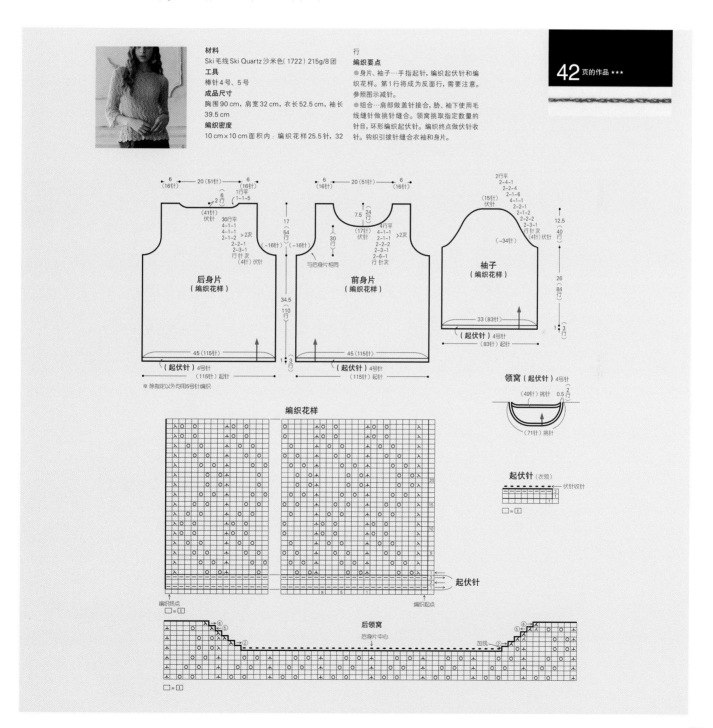

将图解重叠在女性中号尺寸的原型上

画出女性中号尺寸的原型，将编织图解重叠在原型图上。

首先，对齐中心线，将颈点与肩线重合。

按①~⑬的顺序，重叠图解后确定从原型展开制图时的尺寸。

① 在肩线上找到领窝宽/2=10 cm的位置。

② 取后领深=2 cm，画出后领窝弧线。

③ 肩部在水平方向取6 cm。

④ 垂直往下取袖窿深=17 cm。

⑤ 在胸围线上取衣宽/2=22.5 cm，画出袖窿弧线。

⑥ 取胁边长=34.5 cm。

⑦ 取边缘编织=1 cm。

⑧ 同样将前身片图解重叠在原型上。取前领深=7.5 cm，画出前

领窝弧线。

⑨ 从胸宽线往上1 cm处开始画前袖窿弧线。

⑩ 袖子也同样将图解重叠在原型上，取袖山高与原型重合。

⑪ 取臂围/2和松量，画出袖山弧线。

⑫ 取袖下长=26 cm。

⑬ 取边缘编织=1 cm。

确认从原型展开制图时所需要的尺寸。（蓝色数字）

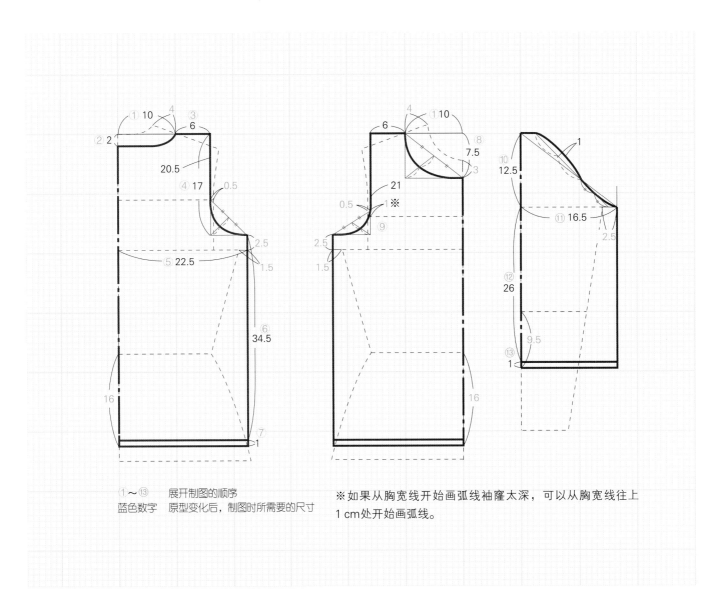

①~⑬ 展开制图的顺序
蓝色数字 原型变化后，制图时所需要的尺寸

※如果从胸宽线开始画弧线袖窿太深，可以从胸宽线往上
1 cm处开始画弧线。

68

在自己尺寸的原型上展开制图

此处按女性大号尺寸（参照p.33的表格）绘制原型。
参照p.34的身体原型画法，用虚线画出大号尺寸的原型。
按照p.68确认好的各种尺寸在原型上展开制图。画好后再标出各部分的尺寸。

直线部分可以根据密度进行推算。领窝弧线与中号尺寸的领窝一样，但是袖窿和袖山弧线的针数和行数发生了变化，请参照p.58进行弧线的推算。

袖子确定了袖宽的松量。从身片的袖窿尺寸计算出袖山斜线的长度，确定袖山高，重新画出袖山弧线。接着按相同要领进行推算。

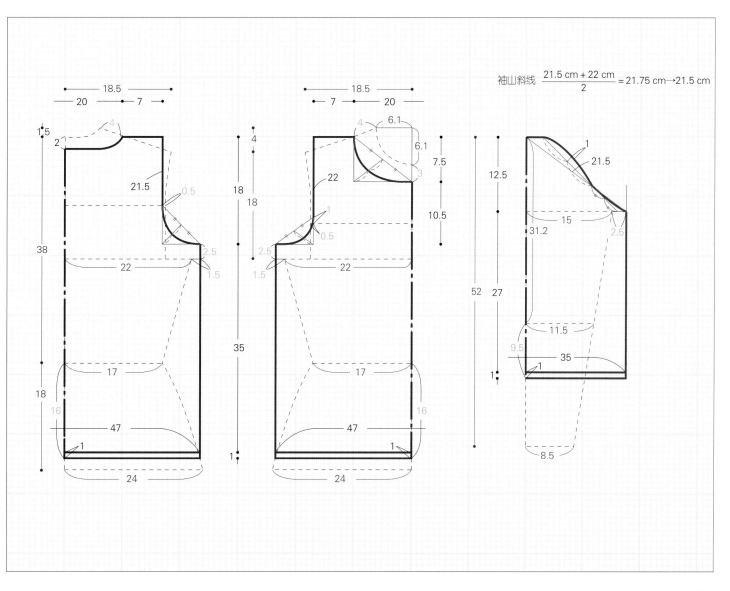

$$袖山斜线 \quad \frac{21.5 \text{ cm} + 22 \text{ cm}}{2} = 21.75 \text{ cm} \rightarrow 21.5 \text{ cm}$$

改成自己尺寸的编织图解

仿照编织书，按自己的尺寸重新绘制图解。直线部分根据密度进行推算（假设密度相同）。
领窝与编织书上的针数和行数相同，所以保持不变。袖窿弧线和袖山弧线要重新进行推算。
可以画出实物大小的制图进行推算（参照p.58），也可以使用针目方格纸进行推算（参照p.62）。

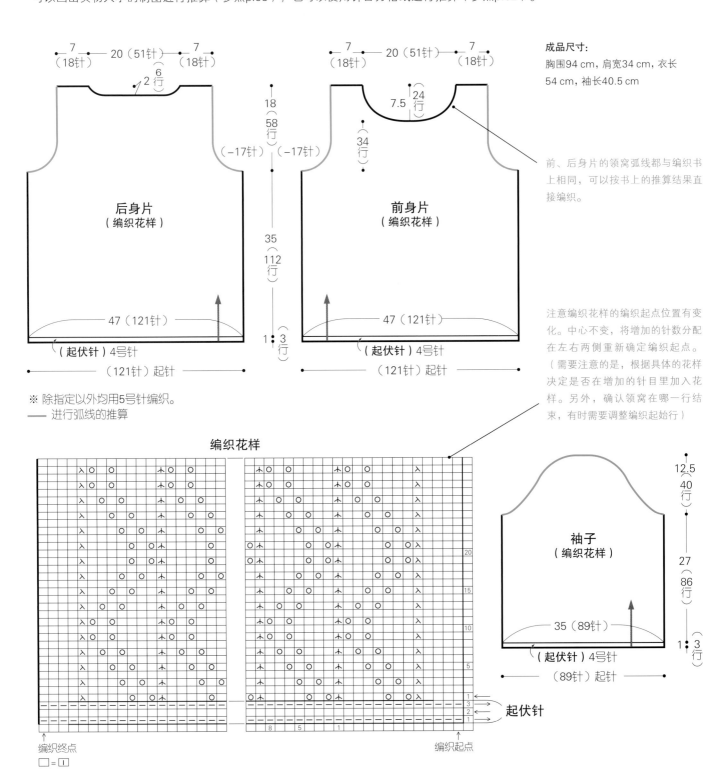

成品尺寸：
胸围94 cm，肩宽34 cm，衣长
54 cm，袖长40.5 cm

前、后身片的领窝弧线都与编织书
上相同，可以按书上的推算结果直
接编织。

注意编织花样的编织起点位置有变
化。中心不变，将增加的针数分配
在左右两侧重新确定编织起点。
（需要注意的是，根据具体的花样
决定是否在增加的针目里加入花
样。另外，确认领窝在哪一行结
束，有时需要调整编织起始行）

后身片
（编织花样）

前身片
（编织花样）

袖子
（编织花样）

※ 除指定以外均用5号针编织。
—— 进行弧线的推算

编织花样

起伏针

编织终点

编织起点

□ = │

问与答

问: 前、后身片的尺寸明明相同,但是穿在身上时前身片的下摆却往上提。应该如何处理?

答: 当背部和后肩的厚度不足时,肩线会往后偏移,导致前身片往后拉,下摆就会上提。要解决这个问题,需要补正后身片的肩线。如下图所示,将后领深、颈点和肩点抬高后开始制图。这样一来,前、后身片的袖窿深也会相应变化。另外,注意袖山中心位置要稍稍向前侧偏移。

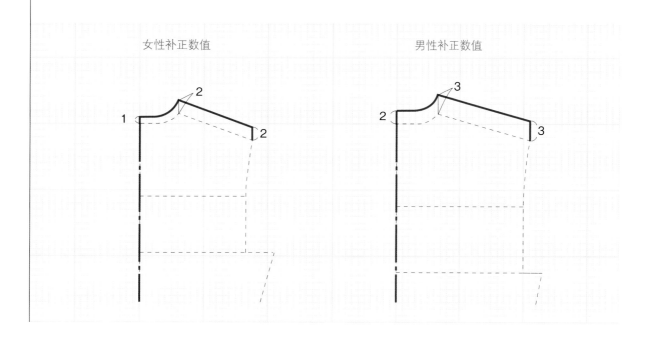

女性补正数值　　　　　　　　男性补正数值

问: 因为测量密度的样片针数比较少,可以用短针编织吗?

答: 还是用与编织作品时相同的针编织样片吧。使用短针编织,密度可能会发生变化。尽量在相同的条件下编织,慢慢熟练。

另外,环形编织配色花样时,样片也建议做环形编织,所有的行都是看着正面编织。也可以用相同的环针或者没有堵头的棒针,每行将线剪断看着正面编织。

问: 想把套头衫的编织图解改成背心,应该怎么办?

答: 从身片的外轮廓线(袖窿)往内侧取想要的边缘宽度,修改制图。

钩针编织的推算

接下来开始学习钩针编织的推算。
棒针编织是在方格纸上呈阶梯状推算，而钩针编织的推算方法是沿着制图的外轮廓线修改花样（也叫"拆分花样"）。学会钩针编织的推算方法后，不仅可以看懂编织书上的作品的编织方法，还可以选择自己喜欢的花样进行灵活应用。

[制图要点]

示范作品是一款钩针编织的无袖套头衫。
先用虚线画出女性中号尺寸的原型，做好制图的准备。

后身片

❶从W宽线往下取13.5 cm定位衣长。

❷胸围加放2.5 cm松量，画胁边线。（由于钩针编织的伸缩性较小，套头衫的松量要稍微多加一点）

❸下摆边缘编织的长度为1 cm，在衣长的内侧画平行线。

❹将S.P（肩点）抬高1 cm，然后从N.P（颈点）画辅助线。

❺将S.P（肩点）往内移1 cm（边缘编织的宽度），向B宽线垂直画辅助线，连接辅助线上的背宽线位置和胁边线，将这段线2等分。

❻从步骤❺的中点连线至B宽线与肩点下来的辅助线的交点，也将这段线2等分。

❼接着画袖窿弧线。从肩点垂直往下画至背宽线，然后画自然的弧线经过步骤❻的中点直到胁边线。

❽将N.P沿肩线下移2 cm确定后领窝宽度，再将后领深下降0.5 cm，分别画上辅助线。

❾后领窝沿着步骤❽画好的辅助线，先从后中心线画直线至大约2/3位置，接着画出自然的弧线。

❿画上后中心线就完成了。

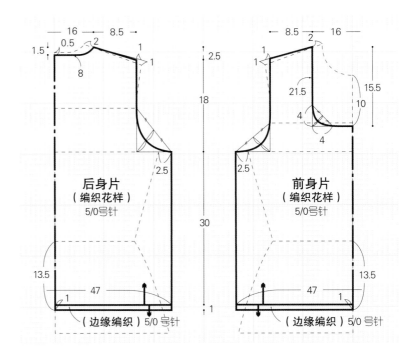

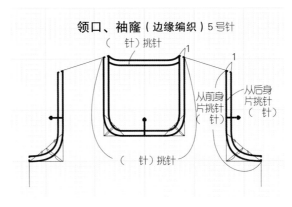

示范作品
使用粗棉线、5/0号针

前身片

❶衣长、衣宽和胁边线、下摆边缘编织的长度、肩线的辅助线都按后身片相同要领绘制。

❷袖窿部位先从肩点垂直往下画辅助线，连接辅助线上的胸宽线位置和胁边线并2等分，接着从中点向其对角画辅助线，再将这段线2等分。

❸接着画袖窿弧线。从肩点垂直往下画至胸宽线，然后画自然的

弧线经过步骤❷的中点直到胁边线。

❹将N.P沿肩线下移2 cm确定前领窝宽度，画出肩线。再将前领深下降10 cm，分别画上前领窝宽和前领深的辅助线。从交点分别向上、向右取4 cm，继续画辅助线，准备画弧线。

❺经过步骤❹中确定的中点画出前领窝的弧线。

❻最后画上中心线。

[选择花样]

选择示范作品无袖套头衫中使用的花样。

如果花样的镂空比较多，或者看上去比较紧致，要尽量选择与编织作品最接近的花样。

这次从《编织花样符号图》中选择了名为"千鸟草"的花样。

编织花样

使用线（实物粗细）

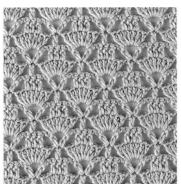

样片

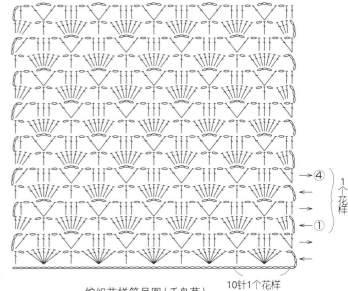

编织花样符号图（千鸟草）

1个花样

10针1个花样

[测量密度]

用尺子测量密度

使用与编织作品时相同的针和线编织长和宽约15 cm的样片，取中间针目较平整的部分测量密度。由于钩针编织的花样很难准确测量10 cm × 10 cm面积内的针数和行数，可以以花样为单位测量尺寸。

以这个花样为例，横向3个花样是10 cm，纵向刚好12行是11.5 cm。

调整为10 cm × 10 cm面积内的密度：

因为1个花样是10针，

所以3个花样是30针 → 10 cm30针（3个花样）

又因为12行是11.5 cm，

所以12行÷11.5 cm×10≈10.5 → 10 cm10.5行

推算时就以这个密度为基础，计算出直线部分的针数和行数。

这次的花样选自这本《编织花样符号图》（无中文版）

针数和行数的计算

在制图的各部分尺寸上乘以密度，计算出针数和行数。

这款无袖套头衫的密度是：10 cm×10 cm面积内30针（3个花样），10.5行。

按这个花样编织时，编织起点的起针数可以通过计算确定，但是袖窿和领窝等部位很难用针数表示清楚，所以用花样个数表示。

下面就开始计算吧。

●针数（花样个数）的计算

（密度：10 cm内30针3个花样→1 cm内3针0.3个花样）

下摆的起针…47 cm×3针（1 cm的密度）=141针
　　　　　　→1个花样10针，141针÷10针≈14个花样

以下各部分很难用针数表示清楚，所以用花样个数进行计算。

肩宽…………8.5 cm×0.3个花样（1 cm的密度）
　　　　　　=2.55个花样→2.5个花样

领窝宽………16 cm×0.3个花样=4.8个花样→5个花样

袖窿…………[14个花样（下摆）−（2.5个花样<肩宽>×2+
　　　　　　5个花样<领窝宽>）]÷2=2个花样

●行数的计算

（密度：10 cm内10.5行→1 cm内1.05行）

胁边长……30 cm×1.05行=31.5行→31行

袖窿深……18 cm×1.05行=18.9行→19行

斜肩………2.5 cm×1.05行=2.625行→2.5行

后领深……1.5 cm×1.05行=1.575行→1.5行

前领深……15.5 cm×1.05行=16.275行→16.5行

（从袖窿到背宽线……8.5 cm×1.05行=8.925行→9行）

（从袖窿到胸宽线……5.5 cm×1.05行=5.775行→6行）

●边缘编织的计算

（密度：10 cm内24针→1 cm内2.4针，参照p.86）

首先使用与示范作品无袖套头衫相同的线和针号编织长和宽15 cm以上的样片后测量密度。

为了使花样平整美观，需要调整针数。（这款无袖套头衫的边缘编织是3针1个花样，所以边缘编织的针数要调整为3针的倍数）

各部分的尺寸直接用1/4缩尺从制图上量取（参照p.40）。

下摆……47 cm×2.4针（1 cm的密度）=112.8针
　　　　　→调整为3针的倍数→114针

袖窿……后袖窿：22 cm×2.4针=52.8针→52针
　　　　　前袖窿：22.5 cm×2.4针=54针
　　　　　要使前、后袖窿的边缘编织总针数为3的倍数，前袖窿
　　　　　最好调整为53针。
　　　　　（52针+53针）÷3针=35个花样

领窝……后领窝：16 cm×2.4针=38.4针→38针
　　　　　前领窝：43 cm×2.4针=103.2针→103针
　　　　　合计：38针+103针=141针
　　　　　141针÷3针=47个花样，刚好可以编织完整的花样。

编织图解

弧线部分的推算将在p.76进行讲解。

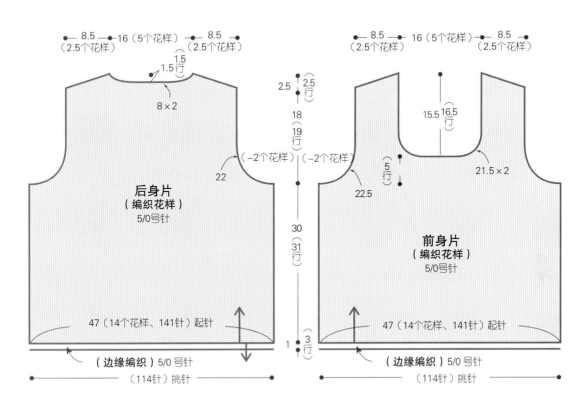

后身片
（编织花样）
5/0号针

前身片
（编织花样）
5/0号针

8.5（2.5个花样）　16（5个花样）　8.5（2.5个花样）

1.5
1.5行
8×2
22
（−2个花样）

47（14个花样、141针）起针

（边缘编织）5/0号针
（114针）挑针

2.5（2.5行）
18（19行）
（−2个花样）
22.5
30（31行）
1（3行）

15.5（16.5行）
5行
21.5×2

47（14个花样、141针）起针

（边缘编织）5/0 号针
（114针）挑针

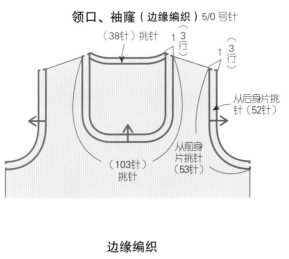

领口、袖窿（边缘编织）5/0 号针

（38针）挑针　1（3行）　1（3行）

从后身片挑针（52针）

（103针）挑针

从前身片挑针（53针）

边缘编织

③ ←
→
① ←

3针1个花样

钩针编织的弧线的推算

[关于弧线的推算]

钩针编织的花样由长针、短针、锁针等高低不同
的针目组成。
因此，无法像棒针编织那样画出方格进行推算。
此时就会用到钩针编织的"编织花样符号图"，
几乎占满整个页面的符号图可以用来做钩针编织
的花样推算。
这里的钩针编织的"编织花样符号图"是用普通
线材钩织花样，然后将样片的密度作为数据转化
成符号图制作而成的。

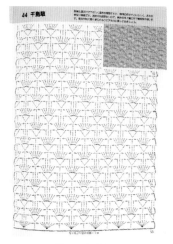

《编织花样符号图》日文版　　　　　使用这款花样

[样片呈相似形]

用钩针按同一种花样编织时，即使线的粗细不
同，完成后的纵横比例却是一样的。
我们使用与示范作品无袖套头衫相同的花样，换
成不同的线按相同的针数和行数编织后，对纵横
比例进行了对比。
可以看出，这些样片符合形状相同、大小不同的
相似形定义。

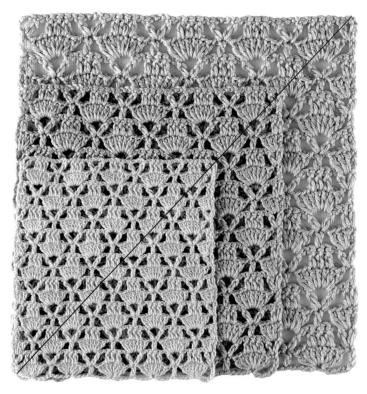

细棉线
（使用2/0号针）

粗棉线
（使用5/0号针）

中粗棉线
（使用7/0号针）

[钩针编织的"编织花样符号图"的使用方法]

钩针编织的花样相同时，即使线的粗细不同，也可以编织出相似形的织物。

所以，钩针编织的"编织花样符号图"适用于任何线材编织的情况。

作为使用方法的实例演示，下面就开始示范作品无袖套头衫的后袖隆的推算吧。

● 使用顺序

将描图纸放在"编织花样符号图"上做好准备。首先，确定花样的编织起点。钩针编织中，编织起点和编织终点基本上左右对称。将制图的中心线放在花样的中心，再确定编织起点。

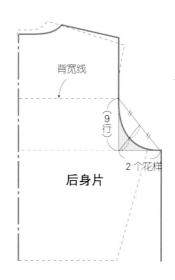

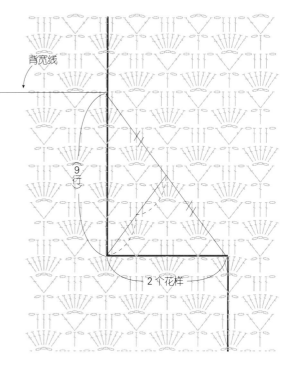

1

根据密度计算出需要推算部分的针数（编织花样的个数）和行数（参照p.74），做好画弧线的准备。袖隆的减针是2个花样，从袖隆到背宽线之间是9行。

画辅助线连接背宽线和胁边线，将这段线分2等分。然后从中点朝袖隆起始线与背宽线下来的辅助线的交点画线，再找出这段线的中点。

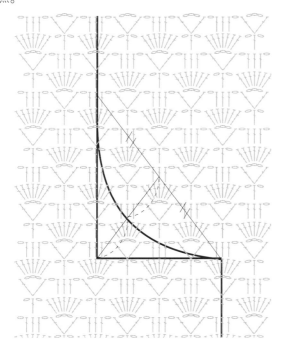

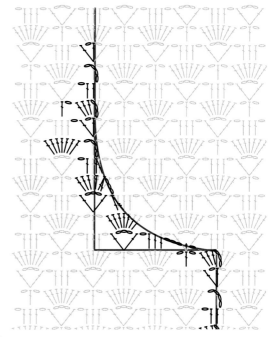

2

经过步骤1确定的中点，从背宽线朝胁边线画出弧线。

3

沿着弧线修改钩针编织的花样。

牢记钩针编织的推算5大要点

钩针编织的推算就是沿着作品制图的斜线和弧线修改外轮廓线上的边针。
为了推算出平滑美观的外轮廓线，请记住钩针编织的推算5大要点。

POINT 1 把握针目的高度

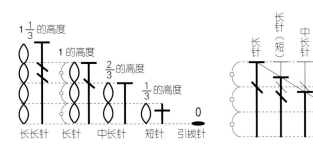

左图是从引拔针到长长针的针目高度比较。
假设使用最多的长针的高度为1，中长针的高度就是2/3，短针的高度就是1/3。立织锁针时，根据针目高度需要决定锁针的数量，短针的高度钩1针锁针，中长针的高度钩2针锁针，长针的高度钩3针锁针，长针以上的高度每多绕1圈线就多钩1针锁针。

如果编织书上的编织符号图只画了一侧的针法，那么另一侧的起立针就要按这个要领确定锁针的数量。

当外轮廓线穿过针目中间时，将其修改成与之相同高度的针目。

另外，即使针目相同，也可以通过编织时手带线的松紧缩短或拉长长针和中长针的针目，钩织出平滑的弧线。

POINT 2 尽量使线头位于针目的上方

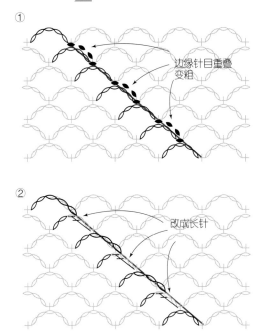

① 边缘针目重叠变粗

② 改成长针

为了能够顺利移至下一行，尽量使前一行结束时的线头位于针目的上方。

以左图为例进行说明。当一行的编织终点是长针等针目时，线头位于针目的上方，可以顺利过渡到下一行。但是，像网格针一样钩锁针与前一行连接时，针目下降，再想移至下一行就必须沿着锁针往上钩引拔针。（图①）

这种情况下，为了尽量避免边缘针目重叠变粗，就会将网格针的一部分锁针改成长针。（图②）根据网格针的针数，可以改成长针或中长针。

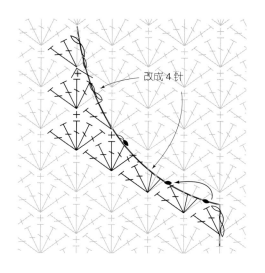

改成4针

POINT 3 减少针目的密集度

像贝壳花样等，从1处放出好几针的花样被外轮廓线
切断时，花样的一部分会缺失，根据剩下花样的面积
减少针目的数量，调整针目的密度。

此时，试着画入与其他针目或锁针相同大小的符号，
就可以知道这部分应该编织几针。

POINT 4 连接间隔较远的针目

如果编织花样的空隙比较大，有时两行之间也会产生
较大的距离。

这种情况下，根据间隔的长短画入长针或长长针连接
两行。

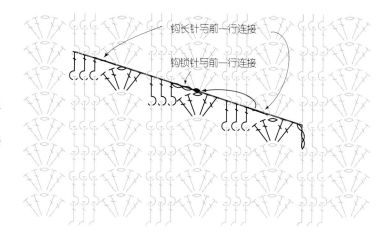

钩长针与前一行连接

钩锁针与前一行连接

POINT 5 补足缝份的针目

补上不足
的针目

钩针编织一般无须加入缝份的针目。因此，当边针与
轮廓线之间有少许空隙时，如果不填上针目，边缘就
会凹凸不齐。

注意边针的画法，不要画到轮廓线的内侧。

钩针编织的推算教程

前面讲解了利用"钩针编织花样呈相似形"的特点，使用"编织花样符号图"进行推算的方法。

另外还有一种方法，根据使用线的密度，用复印机将"编织花样符号图"放大（缩小）至实物大小后使用。

使用这种方法时，将制图中需要推算部分的外轮廓线按实物大小画在描图纸上，

然后将描图纸重叠在"编织花样符号图"上，沿着外轮廓线一边修改边针一边进行推算。

下面就来练习如何推算吧。

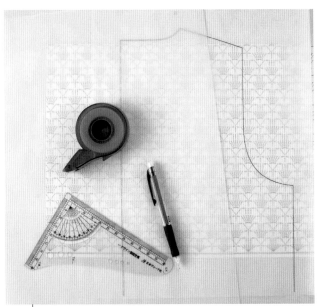

1 做好推算的准备工作。
需要准备的有：根据密度缩放成实物大小的编织花样符号图、画好需要推算部分的弧线（此处是后袖窿弧线）的描图纸、没有画过的空白描图纸、铅笔（自动铅笔）、尺子、胶带。

2 首先确定花样的边针。由于钩针编织的花样基本上左右对称，所以将制图的中心线对齐花样的中心，分配好针目后确定边针。将画有弧线的描图纸放在符号图上。

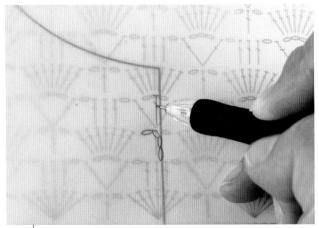

3 再将空白描图纸重叠在上面，开始进行推算。先画胁部的边针。腋下第3行的边针是长针。这一行是从正面编织的行，所以边上的长针要改成3针立起的锁针。图中将后面的1针锁针也画了出来。下一行外轮廓线刚好穿过3针锁针的正中间，想把中间的1针锁针作为边针，将其改成长针。

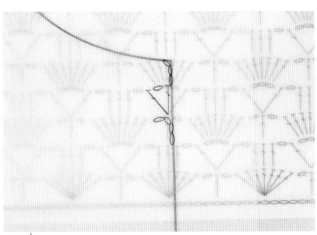

4 再接下来一行，外轮廓线正好穿过7针贝壳花样的中心，所以将中心的长针改成3针立起的锁针。顺便画出剩下的3针长针。

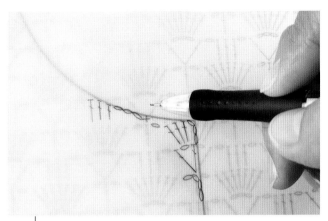

5 袖窿的第1行是看着反面编织的行，所以在符号图上是从左往右画。先沿着弧线画3针长针，不过第3针画得稍微短一点。考虑到接下来有针目部分的高度，先画1针短针，再在中间画锁针连接。根据中间的空隙决定锁针的针数。

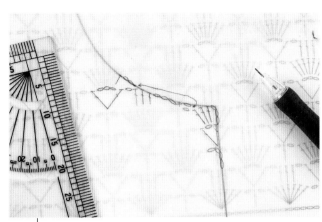

6 袖窿的第1行以引拔针结束，因为与前面的短针之间有空隙，所以中间用锁针连接。此处加入了1针锁针。

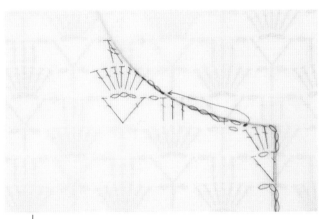

7 袖窿的第2行先画引拔针，接着修改外轮廓线经过的贝壳花样。考虑到针目的高度，将2针长针改成中长针。在前面的引拔针与贝壳花样之间的空隙处加入2针锁针连起来。用箭头标出袖窿的第1行与第2行的渡线位置，以后看图时也会一目了然。

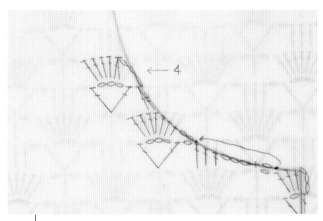

8 下一行是看着反面编织的行。与外轮廓线相接的边针是锁针，所以将其改成长针。如果只是这样，长针与外轮廓线之间还是存在空隙，所以需要再加1针。又因为它是斜的，需要一定的长度，所以画1针长长针。第4行先画3针锁针的起立针，再将剩下的贝壳花样修改一下，画在规定范围内。

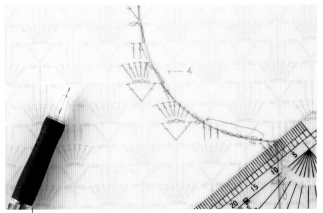

9 第5行以后也按相同要领，继续修改花样。

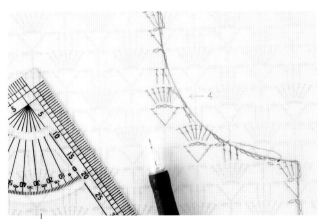

10 后袖窿弧线的推算完成。

完成后身片的推算

掌握袖窿左右两侧各行上的起立针是如何变化调整的。
斜肩和后领窝的针目变化也供大家参考。

▷ = 加线位置
► = 剪线位置
⌒ = 渡线位置

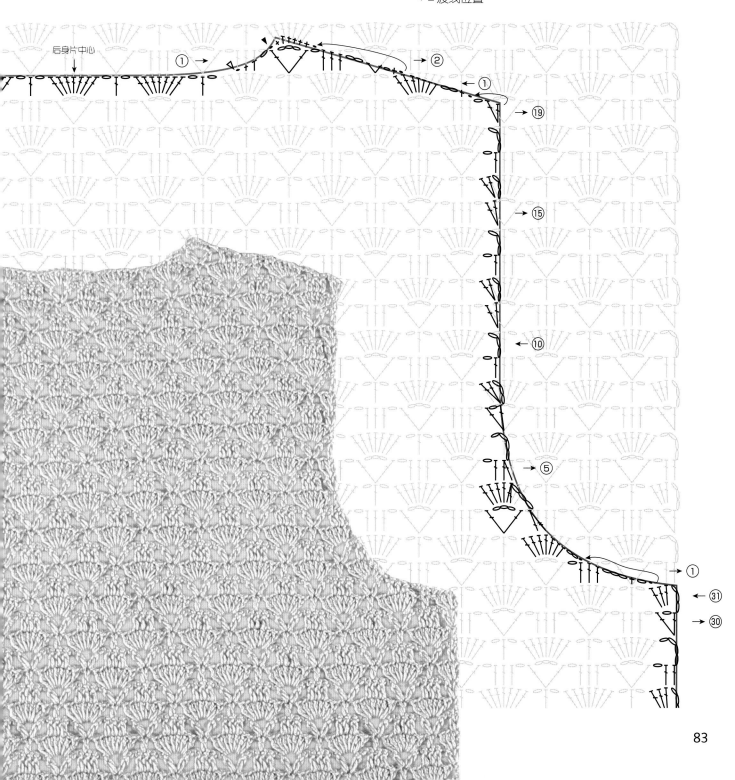

完成前身片的推算

与后身片相比，此处袖窿弧度更深一点。
推算时也要尽量保持前领窝弧线的自然平滑。

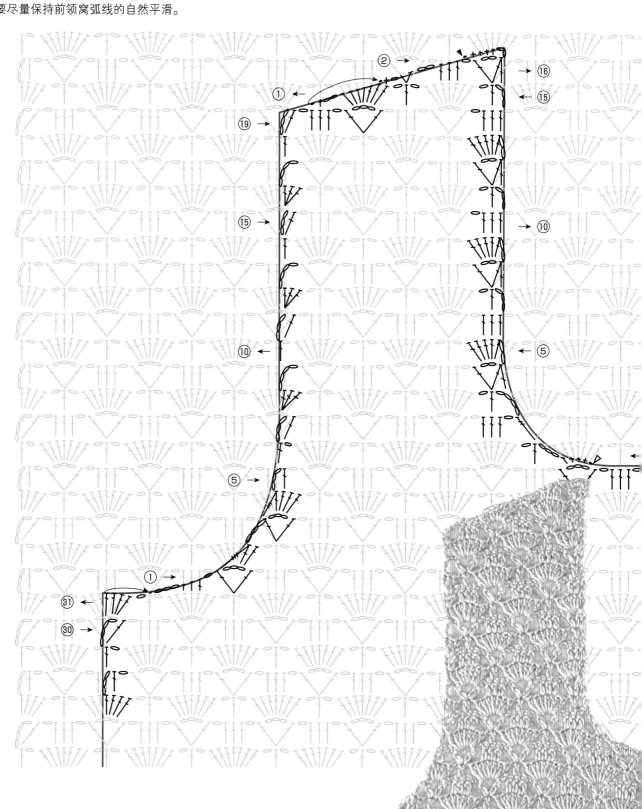

▷ = 加线位置
► = 剪线位置
⌒ = 渡线位置

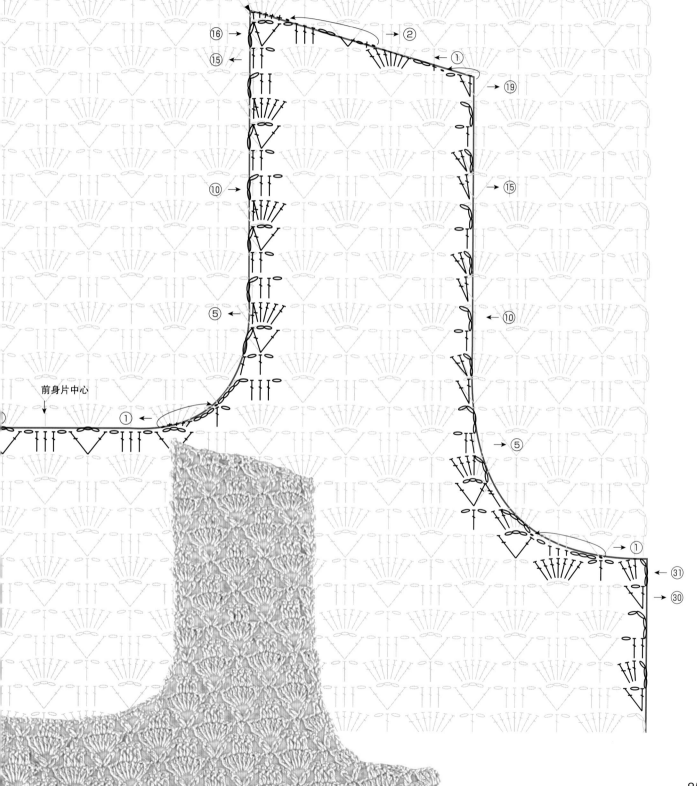

前身片中心

边缘编织的挑针方法

为了在下摆、领窝、袖窿编织出匀称的边缘，必须试编边缘样片，量取密度。
由于边缘编织的行数较少，容易横向拉伸。编织样片时，长度需15 cm以上，行数为边缘编织的全部行数。
用蒸汽熨斗喷上足够的蒸汽，熨烫平整后再测量密度。
此作品的密度是：3行1 cm，10 cm24针。

※ 边缘编织的计算方法请参照 p.74。

挑针时，分别将各部位分成若干等份做上记号，从各等份挑取相同的针数，尽量缩小挑针范围。这样挑出的针目才能匀称平整。

测量边缘编织的密度

领窝、袖窿（边缘编织）5/0 号针
（38针）挑针
1/3行
1/3行
从后身片挑针（52针）
（103针）挑针
从前身片挑针（53针）

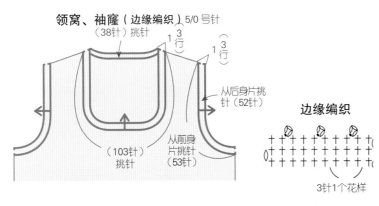

边缘编织

3针1个花样

领窝的边缘编织

边缘编织的均匀挑针

后领窝
中心
①

前领窝

中心

①

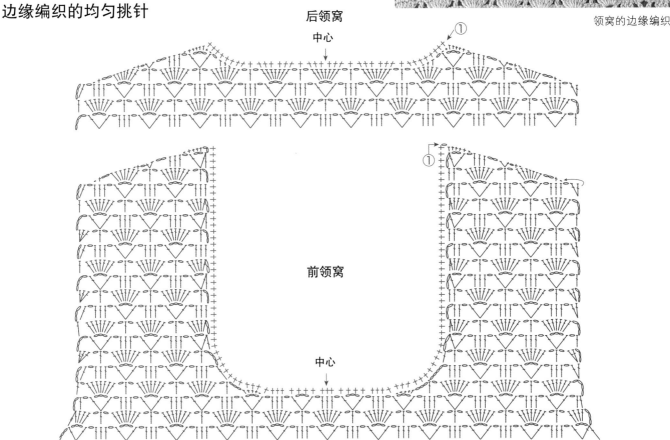

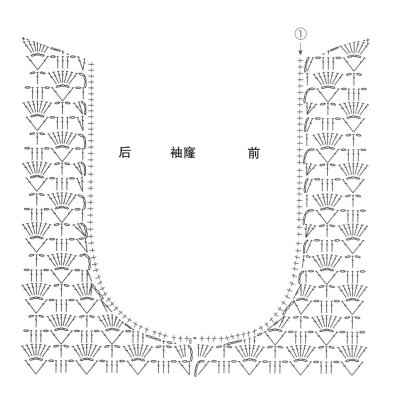

后　　　袖窿　　　前

袖窿的边缘编织

钩针编织的无袖套头衫完成啦！

自然的领窝和袖窿弧线的绘制和推算，
匀称平整的边缘编织，等等，
都是提高作品完成度的重要因素。
夏天，无袖套头衫配一件内搭就可以，
春天，可以当作背心穿在衬衫外面。
还可以换用不同的线材和颜色编织，
穿出一年四季不同的风采。

ZOUHOKAITEIBAN AMIMONO NO KANTANNA SIZE CYOSEI TO SEIZU
TO WARIDASHI NO KISO（NV70542）

Copyright © NIHON VOGUE-SHA 2019 All rights reserved.

Photographers: Nobuo Suzuki, Kana Watanbe

Original Japanese edition published in Japan by NIHON VOGUE Corp.
Simplified Chinese translation rights arranged with BEIJING BAOKU
INTERNATIONAL CULTURAL DEVELOPMENT Co., Ltd.

备案号：豫著许可备字-2020-A-0018

图书在版编目（CIP）数据

编织尺寸调整制图与推算基础教程 / 日本宝库社编著；蒋幼幼译. —郑州：河南科学
技术出版社，2022.3（2024.10重印）

ISBN 978-7- 5725-0670-3

Ⅰ.①编… Ⅱ.①日… ②蒋… Ⅲ.①绒线—手工编织—教材 Ⅳ.①TS935.52

中国版本图书馆CIP数据核字(2022)第022308号

出版发行：河南科学技术出版社

地址：郑州市郑东新区祥盛街 27 号 邮编：450016

电话：（0371）65737028 65788613

网址：www.hnstp.cn

策划编辑：刘 欣

责任编辑：刘淑文

责任校对：王晓红

封面设计：张 伟

责任印制：张艳芳

印 刷：河南新达彩印有限公司

经 销：全国新华书店

开 本：889 mm×1 194 mm 1/16 **印张：**5.5 **字数：**160 千字

版 次：2022 年 3 月第 1 版 2024 年 10 月第 3 次印刷

定 价：59.00 元

如发现印、装质量问题，影响阅读，请与出版社联系并调换。